Berichte aus dem Institut für Umformtechnik der Universität Stuttgart
Herausgeber: Prof. Dr.-Ing. K. Lange

87

Harald Westheide

Einfluß von Oberflächenbeschichtungen auf den Werkzeugverschleiß bei der Massivumformung

Mit 84 Abbildungen und 9 Tabellen

Springer-Verlag Berlin Heidelberg GmbH

Dipl.-Ing. Harald Westheide
Institut für Umformtechnik
Universität Stuttgart

Dr.-Ing. Kurt Lange
o. Professor an der Universität Stuttgart
Institut für Umformtechnik

D 93

ISBN 978-3-540-16846-1 ISBN 978-3-662-06849-6 (eBook)
DOI 10.1007/978-3-662-06849-6

Ursprünglich erschienen bei Springer-Verlag Berlin Heidelberg New York 1986.

Gesamtherstellung: Copydruck GmbH, Offsetdruckerei, Industriestraße 1-3, 7258 Heimsheim
Telefon 0 70 33/38 25-26
2362/3020—543210

GELEITWORT DES HERAUSGEBERS

Die Umformtechnik zeichnet sich durch sehr gute Werkstoffauswertung und hohe Mengenleistung in der Serienfertigung gegenüber anderen Fertigungsverfahren aus, wobei Beibehaltung der Masse, Änderung der Festigkeitseigenschaften während eines Vorgangs und elastische Rückfederung der Werkstücke nach einem Vorgang wesentliche Merkmale sind. Weiter sind die benötigten Kräfte, Arbeiten und Leistungen sehr viel größer als z.B. bei spanenden Verfahren. Die sichere Beherrschung eines Verfahrens in der industriellen Fertigung und die zunehmende Forderung nach Vermeidung bzw. Minimierung spanender Nacharbeit erzwingen die geschlossene Betrachtung des Systems "Umformende Fertigung" unter zentraler Berücksichtigung plastizitätstheoretischer, werkstoffkundlicher und tribologischer Grundlagen.

Das Institut für Umformtechnik der Universität Stuttgart stellt entsprechend Forschung und Entwicklung zum einen auf die Erarbeitung von Grundlagenwissen in diesen Bereichen ab, zum anderen untersucht und entwickelt es Verfahren unter Anwendung spezieller Meßtechniken mit dem Ziel einer genauen quantitativen Ermittlung des Einflusses der Parameter von Vorgang, Werkstoff, Werkzeug und Maschine. Die Behandlung von Problemen des Maschinenverhaltens, der Maschinenkonstruktion sowie der Werkzeugauslegung und -beanspruchung, der Auswahl hochbeanspruchbarer, verschleißfester Werkzeugbaustoffe und schließlich der Tribologie gehört entsprechend ebenfalls zum Arbeitsgebiet, das durch die Erfassung organisatorischer und betriebswirtschaftlicher Fragen abgerundet wird.

Im Rahmen der "Berichte aus dem Institut für Umformtechnik" erscheinen in zwangloser Folge jährlich mehrere Bände, in denen über einzelne Themen ausführlich berichtet wird. Dabei handelt es sich vornehmlich um Abschlußberichte von Forschungsvorhaben, Dissertationen, aber gelegentlich auch um andere Texte. Diese Berichte sollen den in der Praxis stehenden Ingenieuren und Wissenschaftlern zur Weiterbildung dienen und eine Hilfe bei der Lösung umformtechnischer Aufgaben sein. Für die Studierenden bieten sie die Möglichkeit zur Vertiefung der Kenntnisse. Die seit zwei Jahrzehnten bewährte freundschaftliche Zusammenarbeit mit dem Springer-Verlag sehe ich als beste Voraussetzung für das Gelingen dieses Vorhabens an.

Kurt Lange

VORWORT

Die vorliegende Arbeit entstand während meiner Tätigkeit als wissenschaftlicher Mitarbeiter am Institut für Umformtechnik der Universität Stuttgart.

Herrn Professor Dr.-Ing. K. Lange danke ich herzlich für das mir entgegengebrachte Vertrauen, seine großzügige Förderung und stete Unterstützung bei der Anfertigung dieser Arbeit.

Herrn Professor Dr.-Ing. H. Uetz bin ich für die eingehende Durchsicht der Arbeit sowie für die wertvollen Anregungen und Hinweise zu Dank verpflichtet.

Mein Dank gilt ferner Herrn Dr.-Ing. habil. K. Pöhlandt für die Betreuung und Durchsicht der Arbeit sowie für die kritische Diskussion der Ergebnisse. Ebenso danke ich allen Mitarbeiterinnen und Mitarbeitern des Instituts für Umformtechnik, die zum Gelingen dieser Arbeit beigetragen haben.

Weiterhin möchte ich Herrn Professor Dr.rer.nat. G. K. Wolf, Herrn Dr.-Ing. J. Föhl und Herrn Dipl.-Ing. K.-J. Groß für die Zusammenarbeit beim Einsatz ionenimplantierter Werkzeuge, bzw. bei der Verschleißmessung danken.

Die Untersuchung wurde mit Mitteln der Deutschen Forschungsgemeinschaft und des Kernforschungszentrums Karlsruhe gefördert.

Fridingen, April 1986

Harald Westheide

INHALTSVERZEICHNIS

Abkürzungsverzeichnis

Allgemeine Zeichen

A	mm	Querschnittsfläche
d	mm	Durchmesser
D	mm	Durchmesser
F	N	Kraft
h	mm	Höhe
H	mm	Hub
HRC	-	Härte (Rockwell)
HV	-	Härte (Vickers)
k_f	N/mm^2	Fließspannung
l	mm	Länge
n	-	Anzahl
R	mm	Radius
R_a	µm	Mittenrauhwert
R_{pm}	µm	gemittelte Glättungstiefe
R_z	µm	gemittelte Rauhtiefe
p	N/mm^2	Flächenpressung
s	mm	Dicke
t	s	Zeit
T	°C	Temperatur
$T_{1/2}$	s,d	Halbwertzeit
v	mm/s	Geschwindigkeit
W	µm	Verschleißbetrag
α	grd	Winkel
ε	-	Formänderung
μ	-	Reibungszahl
σ	N/mm^2	Spannnung
φ	-	Umformgrad

Indizes

A	Flächen...
ges	Gesamt...
i	Innen...

k	Kurbel...
l	linearer
m	mittlere
r	Radial...
rel	Relativ...
s	sichtbare
v	Vergleichs...

Abkürzungen

CVD	Chemical Vapour Deposition
DDV	Dünnschicht-Differenzen-Verfahren
DS	Diffusionsschicht
HVFP	Hohl-Vorwärts-Fließpressen
NRFP	Napf-Rückwärts-Fließpressen
PVD	Physical Vapour Deposition
RE	Recheneinheiten
REM	Raster-Elektronen-Mikroskop
RNT	Radionuklidtechnik
TD	Toyota Diffusions Verfahren
VD	Vanadium Diffusions Verfahren
VS	Verbindungsschicht
VVFP	Voll-Vorwärts-Fließpressen

1 EINLEITUNG

Im Jahr 1934 entdeckte Singer die Eignung von Zink-Phosphatschichten als Schmierstoffträger und legte damit den Grundstein für die wirtschaftliche Anwendung der Kaltmassivumformung von Stählen. Schon etwa hundert Jahre zuvor wurden Blei und Zinn, später auch Messing und Aluminium, kalt umgeformt. Aus diesen Werkstoffen wurden zunächst hauptsächlich Tuben, Hülsen und Geschoßkörper gefertigt.

Heutzutage nimmt die Kaltmassivumformung einen wichtigen Platz bei der Herstellung von Gütern aus verschiedensten Werkstoffen ein, die meist in großen Stückzahlen gebraucht werden. Hierbei stehen die Vorteile der Kaltmassivumformung wie hohe Genauigkeit, gute Werkstoffausnutzung, Steigerung der Festigkeit oder hohe Ausbringung im Vordergrund.

Durch Forschung und Entwicklung im Bereich der Kaltmassivumformung werden immer neue Verfahrensvarianten ermöglicht, die in Märkte vordringen, welche bisher anderen Fertigungsverfahren vorbehalten waren.

Die zunehmenden Anforderungen an die Qualität und Wirtschaftlichkeit kaltfließgepreßter Werkstücke, bedingt durch gestiegene Verbraucherwünsche und eine verschärfte Wettbewerbssituation, führen zu einer Optimierung aller Einflußgrößen. Da ca. 5 bis 10 % der Herstellkosten von einfachen Fließpreßteilen (ausgenommen Muttern und Schrauben) durch Werkzeugkosten bedingt sind [1] - bei komplizierten Geometrien und kleinen Losgrößen liegt der Kostenanteil noch wesentlich höher -, wird eine Kostenreduzierung in diesem Bereich vordringlich.

Die Werkzeugkosten, die einem Auftrag zuzuschlagen sind, lassen sich untergliedern in Primär- und Sekundärkosten. Die Primärkosten beinhalten diejenigen Kosten, die bis zum Einbau des Werkzeuges in die Maschine entstehen. Die Sekundärkosten umfassen die nicht genau kalkulierbaren Kosten durch Bruch oder Verschleiß. Diese Ausfallursachen bedingen eine Reihe von Folgekosten (Maschinenstillstand, Rüst- und Einrichtkosten, Nacharbeit), die summiert, oft die Primärkosten übersteigen. Daß solche Schwankungen der Werkzeugkosten schnell die zulässigen Werte einer Kalkulationsunsicherheit überschreiten, zeigt Bild 1 [2]. Liegen z. B. die Kosten für die Werkzeugaktivteile um 50 % über den angesetzten, so können die Fertigungskosten um bis zu 20 % höher liegen. Diese Betrachtung wird vor allem für die in den letzten Jahren angestrebten kleineren Losgrößen interessant. In einer modernen Fertigung ist es deshalb unerläßlich, die Standzeit eines Werkzeuges zu verlängern und sie zugleich planbar zu machen, um so auch die Sekundärkosten möglichst genau kalkulieren zu können.

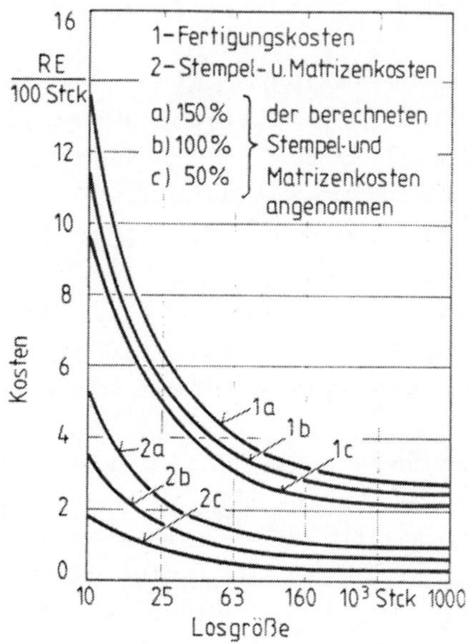

d = 40 mm; l = 40 mm; QSt 32-3;
= 0,75; h /d = 1,0

Bild 1: Abhängigkeit der Herstellkosten beim NRFP von Werkzeugkosten-Schwankungen nach [2].

Mit den heutigen Berechnungsmethoden und -unterlagen können die Werkzeuge so ausgelegt werden, daß bei leichten bis mittelschweren Umformungen ein Bruch nahezu ausgeschlossen werden kann. Hier überwiegt der Verschleiß als Versagensursache.

Der Konstrukteur hat grundsätzlich mehrere Möglichkeiten dem Verschleiß entgegenzuwirken. Er kann zum Beispiel die Stufenfolge bei einer mehrstufigen Umformung so auslegen, daß das Ausformen von Geometrien, die am Werkzeug einen starken Verschleiß hervorrufen, auf mehrere Umformstufen verteilt wird; zudem kann er die Schmierung zwischen Werkstück und Werkzeug optimieren. Den größten Spielraum hat er jedoch bei der Auswahl des Werkzeugwerkstoffes und eines für den Anwendungsfall geeigneten Oberflächenbeschichtungsverfahrens. Diese Vorgehensweise hat in den letzten Jahren - durch neue Entwicklungen bei den Beschichtungsverfahren - zunehmend an Bedeutung gewonnen. In einem derartigen Verbundsystem übernimmt der Grundwerkstoff die mechanische Belastung, während die Oberflächenschicht den angreifenden Verschleißmechanismen entgegenwirkt. Diese Systeme entsprechen der Forderung nach möglichst hoher Einsparung an teuren, hochlegierten Werkstoffen für die Werkzeuge.

2 STAND DER KENNTNISSE

Modellversuche

In einer Vielzahl von Untersuchungen wurde in der Vergangenheit versucht, in der Technik auftretende Tribosysteme durch Modellversuche nachzubilden und an diesen Modellen systematische Parametervariationen durchzuführen. In [3, 4, 5, 6] sind einige dieser Modell-Verschleißprüfsysteme zusammengestellt. Wie bei allen Modellversuchen muß auch hier ein Kompromiß zwischen der Forderung nach einem einfachen Versuch und einer guten Simulation der in der Realität auftretenden Verschleißmechanismen gefunden werden. Mit solchen Systemen lassen sich jedoch die grundlegenden Zusammenhänge bei der Paarung zweier Werkstoffe gut erfassen.

Mit zwei derartigen Modellversuchen - dem Stift-Scheibe-System und dem Schleiftellerverfahren - untersuchten Habig und Li [7] das Verschleißverhalten beschichteter Oberflächen gegenüber verschiedenen Stählen bei Gleitreibung. Diese Untersuchung erfolgte im Rahmen eines Ringversuchs des Fachausschusses 10 "Harte Schichten" der AWT[1)], der sich das Ziel gesetzt hat, das immer unübersichtlicher werdende Gebiet von Verschleißschutzschichten zu ordnen und fehlende Kenntnisse zu erarbeiten.

Die in den mechanismenorientierten Stift-Scheibe-Versuchen gewonnenen Ergebnisse zum Gleitverschleiß mit und ohne überlagerte Stoßbeanspruchung zeigen Werkstoffpaarungen auf, bei denen der Grundkörper infolge der Beschichtung nur einen geringen Verschleißbetrag aufweist. Besonders hervorzuheben sind hier die Titancarbid- und Chromcarbidschichten, die nach dem CVD-Verfahren aufgebracht wurden, sowie Boridschichten. Versuche mit Vanadiumcarbidschichten zeigten eine geringere Adhäsionsneigung dieses Schichtwerkstoffs. Obwohl der beschichtete Grundkörper (Scheibe) zum Teil aus den Werkstoffen X 155 CrVMo 12 1, X 40 CrMoV 5 1 und S 6-5-2 bestand, die auch in der Umformtechnik verwendet werden, lassen sich die Ergebnisse nur bedingt auf diese übertragen, da der verwendete Gegenkörper (Stift) aus dem Kaltarbeitsstahl X 155 CrVMo 12 1 oder Aluminiumoxid Al_2O_3 gefertigt war

----

1) AWT = Arbeitsgemeinschaft Wärmebehandlung und Werkstofftechnik e. V.

und das ganze System in einem Mineralöl der Viskositätsklasse SAE 10 in Tauchschmierung ablief, außerdem das Beanspruchungskollektiv nicht mit den bei den verschiedenen Verfahren der Umformtechnik vorkommenden vergleichbar ist.

Bei ähnlichen Versuchen in [8] wurden gehärtete, nitrierte und borierte Stähle in Paarung mit verschiedenen wärmebehandelten Stählen untersucht. Dabei wurden auch die Schmierstoffadditive und die Normalkraft zwischen Stift und Scheibe variiert. In [9] betrachtet Habig diese Paarungen bei ihrem Einsatz in Luft und im Vakuum.

Untersuchungen des Gleitverschleißes an nitridhaltigen Schichten mit dem Siebel-Kehl-Verschleißversuch und einem Wälz-Gleit-System wurden von Schröter, Uhlig und Alisch [10] durchgeführt.

Whittle und Scott [11] untersuchten nitrierte austenitische Stähle mit dem Stift-Scheibe-System. Sie zeigten die Abhängigkeit des Verschleißes von der Gleitgeschwindigkeit und vom Anpreßdruck des Stiftes auf.

Betrachtungen zur Systemanalyse bei Verschleißuntersuchungen und zur Übertragbarkeit von Ergebnissen in die Realität stellten Uetz [12] und Schmidt [13] an. Schmidt folgert, daß es keinen gesetzmäßigen Zusammenhang zwischen Verschleißergebnissen aus Modellversuchen und denen des praktischen Betriebs gibt, da es kaum gelingt, die Bedingungen der Praxis beim Versuch zu verwirklichen. Jedoch können mechanismenorientierte Verschleißversuche wichtige Hinweise für die praktische Anwendung geben.

Spezielle Modellversuche für die Umformtechnik

Eine Maschine zur Simulation der Reibung und des Verschleißes bei der Kaltmassivumformung wurde von Kudo und Tsubouchi [14] entwickelt. In [15] werden Versuche mit unterschiedlichen Werkzeugwerkstoffen- hierunter ein vanadierter Werkzeugstahl - und verschiedenen Schmierstoffen beschrieben; neben diesen Parametern wurde auch die Geometrie des Versuchswerkzeuges geändert. Ein sehr geringer Verschleißbetrag ergab sich bei dem vanadierten Werkzeug. Die Ergebnisse zeigen eine gute Übereinstimmung mit Erfahrungen in der Industrie. Es wurde aber auch bestätigt, daß Reibung und Verschleiß nicht streng voneinander abhängig sind, so daß Rückschlüsse aus Reibungsmessungen auf den Verschleiß nur begrenzte Aussagekraft haben. Ein Nachteil dieses

Versuches ist die Abweichung der Versuchstemperatur (Raumtemperatur) von den beim Umformvorgang auftretenden Temperaturen.

In [16] wird ein abgewandeltes Stift-Scheibe-System beschrieben, in dem der Stift mit einer Induktionsspule erwärmt wird, so daß Bedingungen bei der Warm-Massivumformung eher simuliert werden können. Die Autoren variierten den Werkstückwerkstoff (Stift) und die Vorwärmtemperatur des Werkzeuges (Scheibe), den Anpreßdruck und -dauer, die Gleitgeschwindigkeit und den Schmierstoff.

Wuttke [17] untersuchte die Reibung und den Verschleiß bei Verfahren der Massivumformung mit Hilfe einer Prüfeinrichtung, bei der ein Stauch- und ein Gleitvorgang gekoppelt werden können. Als Werkstückwerkstoff wurde nur Al 99,5 eingesetzt.

Die Eignung von Hartmetallen für Schneid- und Umformwerkzeugen wurde von Nittel in [18] untersucht. Er fand für verschiedene Hartmetallsorten heraus, daß der Verschleißbetrag mit zunehmender Härte kleiner wird.

Speziell im Bereich der Blechumformung wurden von Woska [19] das tribologische System "Tiefziehen" und von Cammann [20] das "Schneiden" betrachtet. Beide Autoren zeigten, daß durch eine geeignete Wahl von Werkzeugwerkstoffen und Beschichtungen eine Standzeitverbesserung erreicht werden kann. Durch Verschleißprüfungen unter Fertigungsbedingungen konnte die Tauglichkeit der verwendeten Modellversuche nachgewiesen werden.

Eine Untersuchung des Einflusses von Reibung, Schmierung und Oberflächenveredelung auf den Verschleiß von Ziehbacken im Streifenziehversuch ist in [21] beschrieben.

Verschleißprüfung an Bauteilen in der Umformtechnik

Die Verschleißprüfung an Bauteilen im praktischen Betrieb bringt einerseits Schwierigkeiten bei der Reproduzierbarkeit der Versuchsparameter und Versuchsbedingungen, andererseits bei der Messung des Verschleißes selbst.

Für die Massivumformung wurden von Joost [22] beschichtete Stauchbahnen und Gesenke unter Fertigungsbedingungen untersucht. Melching [23] und Schneider [24] benutzten eine hydraulische Verschleißprüfanlage, in der ein erwärmtes zylindrisches Rohteil durch geneigte Werkzeugflächen gedrückt wird. Diese Einrichtung kommt den Gegebenheiten beim Gesenkschmieden nahe. Sie variierten die Werkzeugtemperatur, die Werkzeugwerkstoffe und deren Festigkeit sowie die Schmierung.

In [25] wandten Felder und Monagut das Stauchen zwischen ebenen Bahnen als Simulationsversuch für das Gesenkschmieden an. In [26] sind ergänzend hierzu noch Ergebnisse von Versuchen mit nitrierten Werkzeugwerkstoffen aufgeführt.

Ein Vergleich verschieden nitrierter Gesenke für das Gesenkschmieden unter Spindel- und Exzenterpressen in der Praxis ist in [27] beschrieben.

Von Renaudin u. a. [28] wurde der Versuch unternommen, den Verschleiß beim Gesenkschmieden zu berechnen. Für einfache Umformvorgänge zeigt dieses Berechnungsverfahren eine befriedigende Übereinstimmung mit Versuchsergebnissen.

Über Ergebnisse, die mit verschiedenen Verschleißschutzschichten in der Kaltmassivumformung erhalten wurden, wird in Abschnitt 5.5 in Zusammmenhang mit dem jeweiligen Beschichtungsverfahren berichtet.

Eine Möglichkeit zur Messung des Verschleißes ist durch die Verfahren gegeben, die mit radioaktiven Isotopen arbeiten [29, 30, 31]. Eines dieser Verfahren wird in Abschnitt 4.5.2 näher erläutert.

Schlowag und Quaas [32] untersuchten das Verschleißverhalten von Stempeln beim Napf-Rückwärts-Fließpressen, indem sie die Stempel im Neutronenstrom durchgehend aktivierten und anschließend Näpfe mit einem Innendurchmesser von 15 mm preßten. Die Abnahme der Intensität der von dem Stempel ausgehenden Strahlung nach etwa 400 Teilen diente als Maß für den Verschleiß bei verschiedenen Schmierstoffen.

Grundlegende Untersuchungen, auf denen die vorliegende Arbeit aufbaut, wurden von Weiergräber [33] und Nehl [34] durchgeführt. Weiergräber baute einen Versuchsstand auf, um den Verschleiß unter fertigungsähnlichen Bedingungen beim Napf-Rückwärts-Fließpressen sowie beim Stauchen zwischen ebenen Bahnen zunächst konventionell, d. h. über die Geometrieänderung, zu messen. Er variierte die Parameter Schmierstoff, Werkzeug- und Werkstückwerkstoff,

Maschinenhubzahl, Werkstücktemperatur und - beim Napf-Rückwärts-Fließpressen - auch die relative Querschnittsänderung.

Nehl führte am gleichen Versuchsstand das Dünnschicht-Differenzen-Verfahren (DDV) zur Verschleißmessung bei den beiden genannten Umformverfahren ein. Er wies durch den Vergleich von Ergebnissen nach dem DDV und der konventionellen Messung - wie sie Weiergräber durchführte - die Eignung dieses Meßverfahrens für die Kaltmassivumformung als auch für den Bereich der Halbwarmumformung nach.

3 ZIELSETZUNG DER ARBEIT

Beim Verschleiß handelt es sich nicht um einen Werkstoffkennwert, sondern um eine Systemeigenschaft. Daher ist die Übertragung der Ergebnisse aus Modellversuchen in die Praxis schwierig. Hieraus folgt für die Umformtechnik die Forderung nach möglichst praxisnahen Simulationsversuchen.

Infolge der Komplexität des Tribosystems "Umformvorgang" ist es vom Umfang her nicht möglich, die Einflüsse aller Größen, die bei einer Umformung gezielt verändert werden können, in e i n e r Untersuchung zu klären. Vielmehr muß versucht werden, in einer Anzahl von Einzeluntersuchungen die wesentlichen Parameter aufzugreifen und ihre Wirkung im System zu beschreiben. Durch das Aneinanderreihen der gewonnenen Ergebnisse wird man, über einen längeren Zeitraum gesehen, Klarheit über die Wechselwirkungen und Zusammenhänge im gesamten Tribosystem erhalten.

Dieser Weg wird seit Jahren am Institut für Umformtechnik der Universität Stuttgart im Rahmen einer Projektreihe beschritten.

Die erste Untersuchung von Weiergräber [33] diente, wie schon beschrieben, zum Aufbau einer Versuchsanlage sowie zur Klärung des Einflusses des Werkzeug- und Werkstückwerkstoffes, des Schmierstoffes, der Maschinenhubzahl, der Werkstücktemperatur und der relativen Querschnittsänderung beim NRFP.

Ausgehend von diesem Versuchsaufbau und den ermittelten Ergebnissen konnte Nehl [34] das DDV als Verschleißmeßverfahren für die Umformverfahren Stauchen zwischen ebenen Bahnen und das NRFP einführen. Aufgrund der höheren Genauigkeit des DDV wurde es möglich, den Versuchsaufwand zu reduzieren.

Da der Verschleiß an der Oberfläche der Werkzeuge angreift, stand nach den Untersuchungen von Weiergräber und Nehl an unbeschichteten Werkzeugen die Frage offen, inwieweit die Oberfläche durch eine geeignete Schicht geschützt werden kann, um somit die Standzeit und die Fertigungssicherheit zu erhöhen.

Gegenstand der vorliegenden Arbeit ist deshalb der Vergleich unterschiedlicher Oberflächenbeschichtungsverfahren im Hinblick auf die Verschleißminderung. Die Versuche sollen unter fertigungsähnlichen Bedingungen ablaufen, um eine weitestgehende Übertragbarkeit der Ergebnisse in die Praxis zu gewährleisten. Hierzu wurden zwei Umformverfahren, das Stauchen zwischen ebenen Bahnen und das Napf-Rückwärts-Fließpressen ausgewählt. Das Stauchen bietet die Möglichkeit, den Einfluß der Beschichtung weitgehend von dem der Geometrie zu trennen, während beim Napf-Rückwärts-Fließpressen das Zusammenwirken beider Einflußgrößen untersucht wird.

Das DDV, welches Nehl für unbeschichtete Werkzeuge anwendungsreif gemacht hat, muß für den Einsatz bei beschichteten Werkzeugen erweitert werden. Hierbei sind die Besonderheiten bei der Aktivierung der Schichtelemente im Gegensatz zu den im Grundwerkstoff aktivierbaren Elementen zu beachten. Ferner ist der Aktivitätsverlauf in der Schicht und im Grundwerkstoff zu bestimmen, da die Tiefe der Aktivierung in einigen Fällen größer als die Schichtdicke sein wird. Weiterhin muß geklärt werden, bei welchen Schichten eine Messung nach dem DDV mit vertretbarem, bzw. nur mit einem sehr hohen Aufwand möglich ist.

Unklar ist bisher, wie sich die Oberflächenrauheit von Werkzeugen für die Kaltmassivumformung durch eine Beschichtung und während des Einsatzes verändert. Gerade bei der Fertigung von einbaufertigen Funktionsflächen, z.B. Lauf- oder Dichtflächen, kommt der Oberflächenrauheit aber erhöhte Bedeutung zu. In dieser Untersuchung wird deshalb die Oberfläche der Werkzeuge vor und nach der Beschichtung sowie nach dem Einsatz vermessen. Verglichen mit den Oberflächenkennwerten der Näpfe lassen sich so für das NRFP Rückschlüsse auf die Abbildegenauigkeit zwischen Werkzeug- und Werkstückoberfläche ziehen.

Durch den Vergleich von Stauchen und NRFP untereinander und mit anderen Umformverfahren soll versucht werden, das Verschleißverhalten der betreffenden Werkzeuge in der Kaltmassivumformung abzuschätzen.

Da die Standzeit eines Werkzeuges die Herstellkosten stark beeinflußt, wird schließlich eine Wirtschaftlichkeitsanalyse durchgeführt. Durch die Offenlegung des Kosten/Nutzen-Verhältnisses sollen für den Anwender Entscheidungsunterlagen für einen gezielten und wirtschaftlichen Einsatz von Beschichtungen bereitgestellt werden.

Diese interdisziplinäre Untersuchung tangiert verschiedene Fachgebiete. Ihre Durchführung erfordert daher die enge Zusammenarbeit mit verschiedenen

Institutionen, z.B. der Materialprüfungsanstalt Stuttgart bei der Verschleißmessung nach dem DDV, dem Kernforschungszentrum Karlsruhe bei der Aktivierung der Werkzeuge, dem Physikalisch Chemischen Institut in Heidelberg bei der Ionenimplantation sowie mit verschiedenen Beschichtungsfirmen und Anwendern in bezug auf die Diskussion über den Einsatz der verschiedenen Beschichtungsverfahren.

4 VERSCHLEIßMESSUNG BEI DEN DURCHGEFÜHRTEN VERSUCHEN UNTER BERÜCKSICHTIGUNG DER VERSCHLEIßERSCHEINUNGSFORMEN

4.1 ALLGEMEINE BETRACHTUNG ZUM VERSCHLEIß IN DER MASSIVUMFORMUNG

Laut DIN 50320 ist Verschleiß der fortschreitende Materialverlust aus der Oberfläche eines festen Körpers, hervorgerufen durch mechanische Ursachen, d. h. Kontakt und Relativbewegung eines festen, flüssigen oder gasförmigen Gegenkörpers. Die ursächliche Beanspruchung wird als tribologische Beanspruchung bezeichnet.

In einer Verschleißanalyse kann der Verschleiß weiter systematisch gegliedert werden nach der Verschleißart, dem Verschleißmechanismus und den Verschleißerscheinungsformen [35]. Als Verschleißarten treten in der Umformtechnik vorwiegend Gleitverschleiß, Roll- und Wälzverschleiß, Stoßverschleiß sowie Furchungsverschleiß auf.

Die Hauptverschleißmechanismen Adhäsion, Abrasion, Oberflächenzerrüttung und tribochemische Reaktionen wirken meist in Kombination, wobei die Adhäsion und Abrasion bei den Umformverfahren überwiegt [34]. Wie die REM-Aufnahmen, die bei den Ergebnissen aufgeführt sind, belegen, liegt eine starke Furchung in der Verschleißzone der Werkzeuge vor. Der Verschleiß beginnt primär durch adhäsives Verschweißen von Werkstückwerkstoff auf dem Werkzeug. Bei weiterer Umformung, bzw. bei den folgenden Maschinenhüben, werden diese Aufschweißungen wieder losgerissen, da sie einer hohen Schubbeanspruchung unterliegen. Hierbei kann die Scherebene durch die hohe Härte der Aufschweißungen - bedingt durch Kaltverfestigung infolge mehrfachem Losreißen und nachfolgendem erneuten Verschweißen - auch im Werkzeugwerkstoff liegen. Die losgelösten harten Partikel wirken sekundär stark abrasiv in der Wirkfuge zwischen Werkzeug und Werkstück und erzeugen die sichtbar gefurchte Oberfläche.

Im Gegensatz zu den stoffbezogenen Werkstoffkenngrößen wie z. B. der Festigkeit, kann der Verschleiß nur durch systembezogene Verschleißkenngrößen beschrieben werden.

4.2 VERSCHLEIß BEIM STAUCHEN ZWISCHEN EBENEN BAHNEN

Beim Stauchen wird ein zylindrisches Rohteil zwischen ebenen parallelen Bahnen zu einem Werkstück mit größerem Durchmesser und kleinerer Höhe umgeformt. Die Stirnfläche der Rohteile vergrößert sich solange Gleitreibungsbedingungen herrschen sowie durch Umwölben und Anlegen von Teilen der Mantelfläche an die Stauchbahn. Der Gleitvorgang, vor allem der der scharfen Kanten der gescherten Rohteile, verursacht auf der Wirkfläche der Stauchbahn hauptsächlich Furchungsverschleiß. Da die Relativgeschwindigkeit zwischen Werkstück und Werkzeug nach außen hin zunimmt, wird auch der Verschleiß von der Mitte her nach außen größer und bildet das in Bild 2 a schematisch gezeigte Profil. Das Maximum liegt dabei nach Weiergräber [33] unter der Kante des Rohteils. Bei beschichteten Werkzeugen kann aber auch ein Verschleißprofil auftreten, welches von unbeschichteten bei höheren Stückzahlen abweicht, s. Bild 2 b. Hier liegt das Maximum dann in der Mitte der Stauchbahn; dies ist darauf zurückzuführen, daß einige Beschichtungen anders auf die wirkende Druck-Schubbeanspruchung reagieren wie unbeschichtete Stauchbahnen. Als Beispiel kann die spröde Verbindungsschicht bei nitrierten Werkzeugen aufgeführt werden.

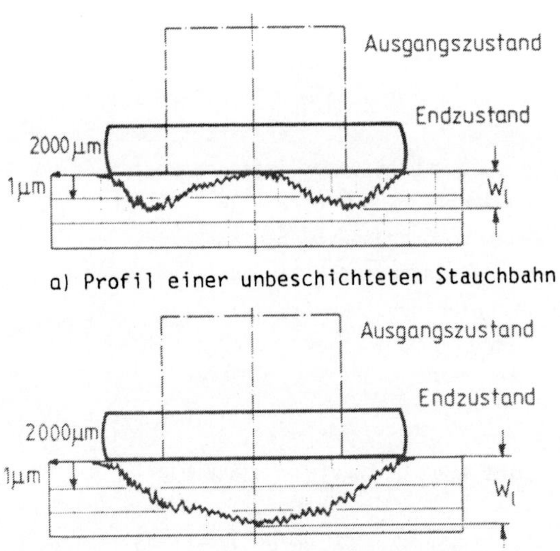

a) Profil einer unbeschichteten Stauchbahn

b) Profil, wie es sich bei beschichteten Stauchbahnen ausbilden kann

Bild 2: Verschleißprofile von Stauchbahnen.

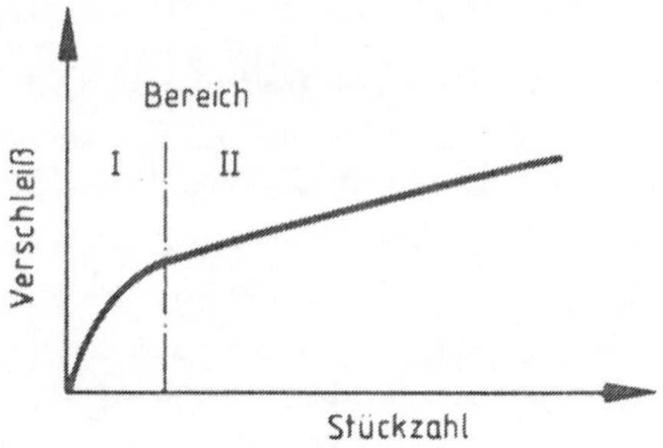

Bild 3: Verschleißverlauf einer Stauchbahn.

Den typischen Verlauf des Verschleißes über der Stückzahl zeigt Bild 3. Die Kurve kann in zwei Bereiche aufgeteilt werden:

Bereich I - In diesem Einlaufbereich werden zunächst die Rauheitsspitzen der geschliffenen Stauchbahn abgetragen; dadurch wird auch die Tribokontaktfläche zunehmend größer und die Verschleißgeschwindigkeit nimmt ab. Dieser Vorgang war in dieser Untersuchung etwa nach 5000 Teilen abgeschlossen.

Bereich II - In diesem Bereich nimmt der Verschleiß annähernd proportional zur Stückzahl zu. Durch Furchung wird die Grundmatrix des Werkzeugstahles ausgewaschen, bis auch die obersten harten Carbide nicht mehr abgestützt werden, ausbrechen und den darunterliegenden Werkstoff dem Verschleiß aussetzen. Nach Zum Gahr [36] und Hornbogen [37] kann, unter bestimmten Voraussetzungen, dieser Vorgang oberhalb einer kritischen Belastung - die von der Mikrostruktur des Werkstoffs und vom angreifenden abrasiven Stoff abhängt - von der Bruchzähigkeit K_{IC} beeinflußt werden.

4.3 VERSCHLEIß BEIM NAPF-RÜCKWÄRTS-FLIEßPRESSEN

Beim Napf-Rückwärts-Fließpressen (NRFP) drückt der Fließpreßstempel entgegen seiner Wirkrichtung Werkstoff durch einen Ringspalt und bildet so einen Napf. Der die Innengeometrie des Napfes beschreibende Bereich des Stempels ist dabei der Fließbund. Die Relativbewegung zwischen Stempelstirnfläche und dem direkt darunterliegenden Werkstoff ist, wie Versuche gezeigt haben, gering [38]. Dies führt zu der schon in [33] und [34] erwähnten Beobachtung, daß an der Stempelstirnfläche kaum Verschleiß auftritt.

Schwieriger ist die Beschreibung der Vorgänge am Fließbundradius und Fließbund. Wie Matsubara und Kudo [39] in Kontaktspannungsmessungen mit Aluminium feststellten, haben die Radialspannungen in dem Bereich der Matrizenwand, die dem Fließbund gegenüberliegt, qualitativ den im Bild 4 gezeigten Verlauf. Die Geometrieverhältnisse, die den in dieser Arbeit vorliegenden sehr nahe kommen, lassen den Schluß zu, daß die Belastung des Fließbundes ähnlich sein wird, wie die der gegenüberliegenden Matrizenwand. Die Annahme einer nahezu konstanten Radialspannung über der Fließbundhöhe stimmt mit der in dieser Arbeit gemachten Beobachtung überein, daß der Verschleiß über der Höhe des Fließbundes gleichmäßig angreift und der Werkstoff gleichmäßig abgetragen wird.

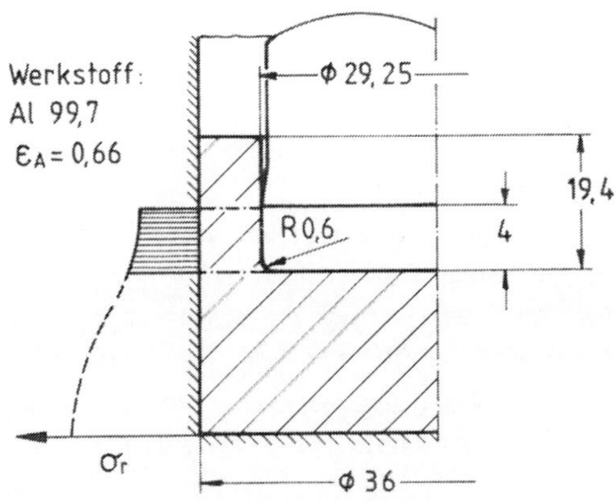

Bild 4: Radialspannungsverlauf beim NRFP nach[39].

Wie Nehl [34] in seiner Untersuchung feststellte, tritt hauptsächlich adhäsiver und abrasiver Verschleiß, hervorgerufen durch adhäsives Lösen harter Partikel, auf. Dies konnte auch durch REM-Aufnahmen von Stempeln bestätigt werden, die in dieser Untersuchung eingesetzt wurden (vgl. Bild 59 und 74). Durch diesen Werkstoffabtrag wird der Fließbunddurchmesser mit zunehmender Stückzahl kleiner.

In der VDI-Richtlinie 3138, Blatt 1 [40] sind Absolutwerte für Toleranzen bei Kaltfließpreßteilen aus Stählen aufgeführt. Für die in dieser Untersuchung gefertigten Näpfe ist ein Wert von 0,06 mm abzulesen. Dieses Toleranzfeld steht aber nicht nur für verschleißbedingte Maßänderungen zur Verfügung, sondern auch für Maßänderungen durch unterschiedliche Werkstoffeigenschaften, unterschiedliche Wärme- und Oberflächenbehandlung der Rohteile sowie Ungenauigkeiten bei der Halbzeug- und Rohteilherstellung, bei Stempelherstellung und -einbau und durch Maschinen- und Werkzeugauffederung. Aus dieser Aufzählung ist zu erkennen, daß nur ein Bruchteil des angegebenen Toleranzfeldes für eine Änderung der Geometrie durch Verschleiß verfügbar bleibt.

Die Verschleißgeschwindigkeit ist wie bei den meisten technischen Systemen, die auf Verschleiß beansprucht werden, zu Beginn des Vorganges höher. Dieser Einlaufvorgang ist gekennzeichnet durch das Abtragen von Rauheitsspitzen sowie einen Temperaturanstieg. Weiergräber [33] ermittelte für die vorliegenden Versuchsbedingungen, daß dieser Vorgang nach etwa 500 Teilen abgeschlossen ist, und es stellt sich eine lineare Abnahme des Fließbunddurchmessers über der Stückzahl ein. Bis zur maximal gepreßten Stückzahl von etwa 35 000 Teilen wurde keine wesentliche Abweichung von der Linearität festgestellt.

Die oben genannte Toleranzgrenze wird bei unbeschichteten Stempeln schon stets in diesem linearen Bereich überschritten und nicht in einem Stückzahlbereich, bei dem der Verschleißverlauf von der Linearität abweicht. Wie sich zeigte, lag die Grenzstückzahl für den zulässigen Verschleiß im Rahmen der gewählten Parameter-Kombination zwischen etwa 10 000 und 20 000 Näpfen. Vergleichend hierzu wurden die beschichteten Stempel im gleichen Stückzahlbereich geprüft.

4.4 EINFLUßFAKTOREN AUF DEN VERSCHLEIß

Da der Verschleiß eine Systemeigenschaft ist, wird er von allen Elementen des Tribosystems, deren Eigenschaften und Wechselwirkungen sowie sonstigen Größen, die das System kennzeichnen, beeinflußt.

Das tribologische System "Umformvorgang" , läßt sich nach DIN 50320 gliedern in

Werkzeug - als Grundkörper

Werkstück - als Gegenkörper

Schmierstoff - als Zwischenstoff

Luft - als Umgebungsmedium.

Wie vielfältig die Eigenschaften dieser Elemente sind und welche Kenngrößen des Umformvorgangs und der Maschine die Wechselwirkungen beeinflussen, zeigt Bild 5 am Beispiel des NRFP. Hierbei können charakterisierende Größen, z. B. die Reibungszahl, wiederum selbst systemabhängig sein. Dieses Bild kann in gleicher Form auf das Stauchen zwischen ebenen Bahnen übertragen werden.

Zur Charakterisierung des vorliegenden Verschleißsystems ist es deshalb notwendig, alle wichtigen Eigenschaften und Kenngrößen zu erfassen; erst dann ist es sinnvoll, eine systematische Parametervariation durchzuführen.

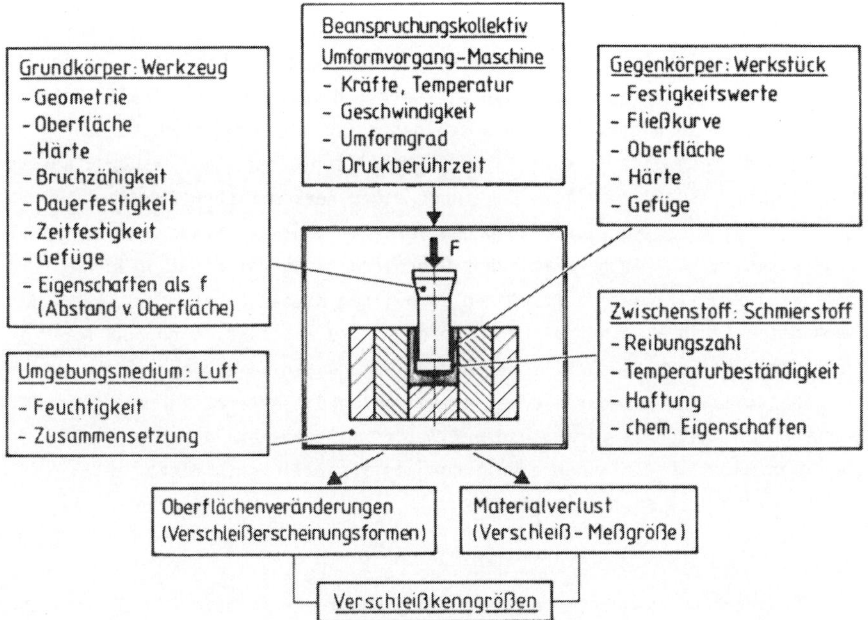

Bild 5: Einflußgrößen auf den Verschleiß beim NRFP.

4.5 VERSCHLEIßMEßVERFAHREN

In [41] ist eine Übersicht über die gebräuchlichen Meßverfahren zum Nachweis von Verschleiß aufgeführt. Grundsätzlich läßt sich sagen, daß mit zunehmender Empfindlichkeit auch der finanzielle und organisatorische Aufwand für ein Meßverfahren steigt. Im folgenden werden die drei in dieser Arbeit angewandten Verfahren näher erläutert.

4.5.1 Geometriemessung

Stauchen zwischen ebenen Bahnen

Zum Nachweis des Verschleißes einer Stauchbahn wird das in Bild 2 dargestellte Profil abgetastet und der Maximalbetrag W_l ermittelt. Zu diesem Zweck wurde eine spezielle Meßeinrichtung konstruiert (s. Bild 6 a und 6 b). Die Stauchbahn wird unter den Meßschlitten der auf Präzisionsführungen verschiebbar ist, gespannt. Nach Einsetzen eines induktiven Meßtasters wird der Meßschlitten zur Stauchbahn ausgerichtet. Anschließend bewegt ein Getriebemotor den Schlitten und damit den Meßtaster gleichmäßig über die Stauchbahnoberfläche. Das Ausgangssignal des Tasters wird in einem Meßgerät mit digitaler Meßwertanzeige verstärkt, demoduliert, digitalisiert und dargestellt. An diesem Gerät angeschlossen ist ein Meßwertdrucker zur Datenregistrierung und ein elektrischer Schnellschreiber, der das abgetastete Profil graphisch darstellt. Gegenüber einem herkömmlichen Oberflächenmeßgerät bietet diese Meßeinrichtung den Vorteil, daß das tatsächliche Profil abgetastet wird. Ein herkömmliches Oberflächenmeßgerät dient in erster Linie dazu, Rauheitswerte aufzunehmen, wobei für diese Funktion sowohl der mechanische als auch der elektronische Teil so ausgelegt sind, daß Welligkeiten teilweise herausgefiltert werden. Gerade das Verschleißprofil einer Stauchbahn ist jedoch durch eine solche Welligkeit gekennzeichnet. Mit dem verwendeten Meßgerät wird diese erfaßt; es mißt vornehmlich die Profiltiefe, während die Oberflächenrauheit nur als zusätzlicher, nicht näher bestimmter Wert mit angezeigt wird.

Während eines Versuches wurden die obere und untere Stauchbahn bei bestimmten Stückzahlen ausgebaut und vermessen; damit der erneute Einbau im Werkzeug in derselben Lage erfolgte, wurden sie entsprechend gekennzeichnet. Die Meßintervalle wurden bei Beginn des Versuches kürzer gewählt, um Ein-

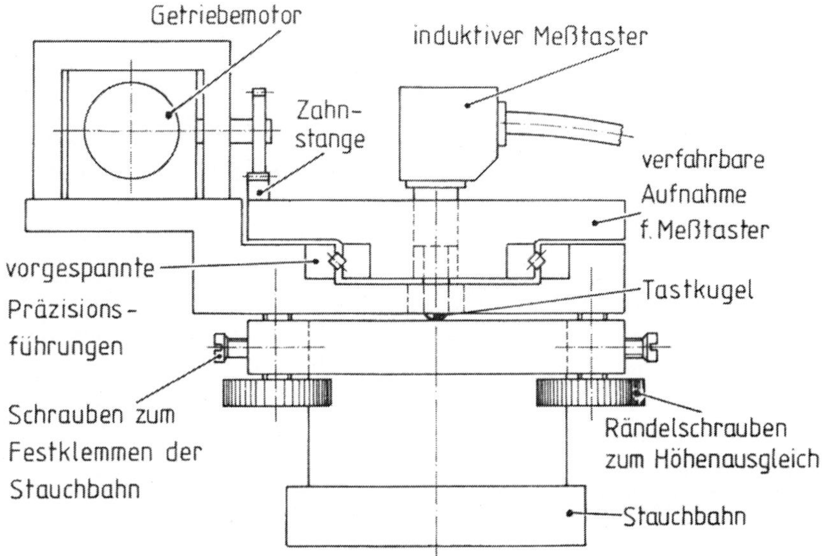

a.) Prinzipskizze des Meßschlittens

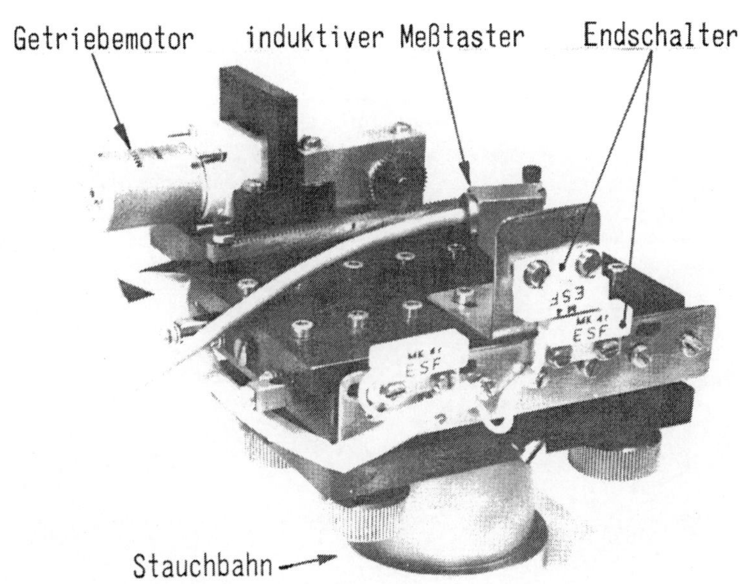

b.) Meßschlitten

Bild 6: Meßeinrichtung zum Abtasten des Verschleißprofils.

laufvorgänge erfassen zu können, und später länger, um den Meßaufwand zu reduzieren. Die Stauchbahnen wurden deshalb bei folgenden Stückzahlen vermessen: 0 / 500 / 1000 / 2500 / 5000 / 7500 / 10000 / 15000 / 20000. Die Messung vor dem Versuch ist unbedingt notwendig, da sich zeigte, daß es durch einige Beschichtungsverfahren zu einer Formabweichung der Ausgangskontur kommen kann, die als Korrekturwert berücksichtigt werden muß.

Napf-Rückwärts-Fließpressen

Beim NRFP wurde die Geometrie des Stempels einerseits direkt gemessen, indem der Fließbunddurchmesser vor und nach dem Versuch mit einer Bügelmeßschraube vermessen wurde, andererseits indirekt durch Entnahme mehrerer Näpfe bei bestimmten Stückzahlen und Ausmessen des Innendurchmessers mit einer Mikrometerschraube. Durch die Messung des Innendurchmessers in verschiedenen Höhen im Napf wurde festgestellt, daß der Verlauf für die Meßpunkte in den verschiedenen Höhen, über der Stückzahl aufgetragen, parallel ist, so daß die Messung im Napfgrund repräsentativ ist. Als Beispiel ist in Bild 7 der Verschleißverlauf für einen ionenimplantierten Stempel gezeigt. Nach einem Einlaufbereich - in dem durch Temperaturanstieg und Aufstauchung der Durchmesser zunimmt - bleibt die Verschleißrate annähernd

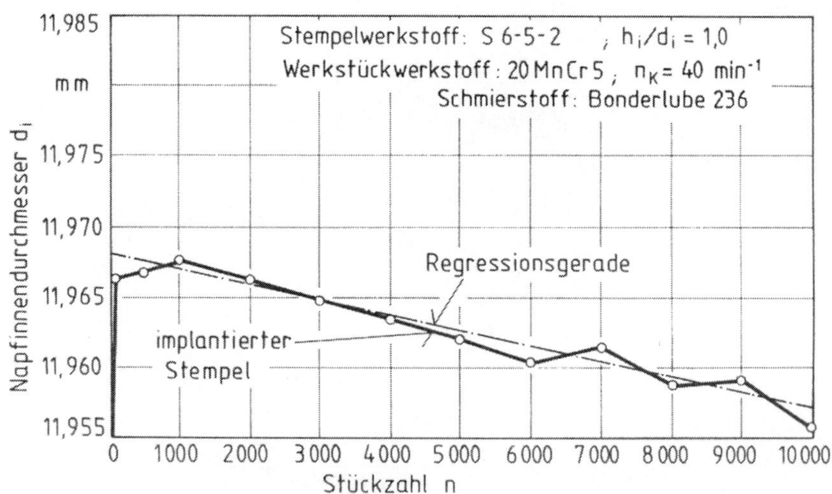

Bild 7: Verschleißverlauf eines ionenimplantierten Stempels.

konstant. Da keiner der untersuchten Stempel von diesem Verhalten abwich, wird in späteren Darstellungen nur die Regressionsgerade für den Bereich einer konstanten Verschleißrate (Werte ab n = 1000) als Ergebnis gezeigt. Hierdurch wird die Vergleichbarkeit der Ergebnisse vereinfacht.

4.5.2 Dünnschicht-Differenzen-Verfahren

Die Tauglichkeit dieses Meßverfahrens zur Verschleißuntersuchung in der Massivumformung wurde von Nehl [34] aufgezeigt. Deshalb wird hier nur kurz auf die Grundlagen des DDV und etwas eingehender auf einige Besonderheiten des Verfahrens bei beschichteten Werkzeugen eingegangen.

Grundlagen

Das Verfahren beruht auf der Bestimmung des verschleißbedingten Werkstoffabtrags durch Ermittlung der Abnahme der radioaktiven Strahlung eines in einer dünnen Oberflächenschicht (15 bis 25µm) aktivierten Bauteils nach bestimmten Zeitintervallen. Diese Differenz kann für einen bestimmten aktivierten Werkzeugbereich in einen Verschleißbetrag umgerechnet werden. Durch den nur dünnen aktivierten Bereich kann die Gesamtaktivität niedrig gehalten werden. In dieser Untersuchung wurden ausschließlich Fließpreßstempel im Bereich des Fließbundes aktiviert. Die Aktivierung erfolgte durch Bestrahlung mit Protonen in einem Zyklotron. Es erfolgt eine Kernreaktion, bei der Protonen in die Atomkerne der Elemente, die im Werkstoff vorliegen, eindringen. Als Folge dieser Reaktion werden Neutronen emittiert (p,n-Reaktion). Die Gleichung

$$ {}^{56}_{26}\mathrm{Fe} + {}^{1}_{1}\mathrm{p} \longrightarrow {}^{56}_{27}\mathrm{Co} + {}^{1}_{0}\mathrm{n} \quad ^{1)} \qquad (1) $$

beschreibt diesen Vorgang für das mit 91,7% am häufigsten vorkommende Eisen-Nuklid 56-Fe (im folgenden wird nur die Nukleonenzahl beim Element angegeben). Das entstehende 56-Co ist instabil; seine Halbwertzeit beträgt 77,5 Tage.

---

1) Kennzeichnung: ${}^{A}_{Z}$Elementname; A - Massenzahl = Zahl der Nukleonen (p-Protonen und n-Neutronen); Z - Zahl der Protonen = Kernladungszahl

Ein auf diese Weise erzeugter instabiler Atomkern wandelt sich in einen anderen Kern um oder gibt Energie ab; dabei kann sich die Massenzahl A, die Ladungszahl Z sowie der Energiezustand ändern. Je nach Art der emittierten Teilchen unterscheidet man:

α-Strahlen - die aus 4-He-Kernen bestehen und bei einer Reaktion gemäß der Gleichung

$$^{A}_{Z}K_1 \longrightarrow {}^{A-4}_{Z-2}K_2 + {}^{4}_{2}He \qquad (2)$$

K_1, K_2 - verschiedene Elemente

entstehen;

β-Strahlen - die aus Elektronen $^{0}_{-1}e$ (β^-) oder Positronen $^{0}_{1}e$ (β^+) bestehen. Die entsprechende Rekationsgleichung lautet:

$$^{A}_{Z}K_1 \longrightarrow {}^{A}_{Z+1}K_2 + {}^{0}_{-1}e \qquad (3)$$

für Elektronen und

$$^{A}_{Z}K_1 \longrightarrow {}^{A}_{Z-1}K_2 + {}^{0}_{+1}e \qquad (4)$$

für Positronen.

γ-Strahlen - dies sind kurzwellige elektromagnetische Wellen, die im Quantenbild aus energiereichen Photonen bestehen. Sie haben die Ruhemasse Null und besitzen keine Ladung; infolgedessen erfolgt bei ihrer Ausstrahlung keine Kernumwandlung, sondern es wird nur ein energieärmerer Zustand erreicht:

$$^{A}_{Z}K \longrightarrow {}^{A}_{Z}K + {}^{0}_{0}\gamma \qquad (5)$$

Bei Messungen nach dem DDV werden nur γ-Strahlen registriert. Die γ-Quanten haben für jedes Radionuklid eine oder mehrere charakteristische Energien. Wegen des Compton-Effektes (elastischer Stoß zwischen einem Quant und einem Elektron) und der Zerstrahlung von Positronen und Elektronen [42] werden beim DDV mit 56-Co als Meßnuklid nur γ-Quanten mit einer Energie größer etwa 520 keV gezählt, s. Bild 8. Den Meßaufbau und die Versuchsauswertung sind in [34] beschrieben.

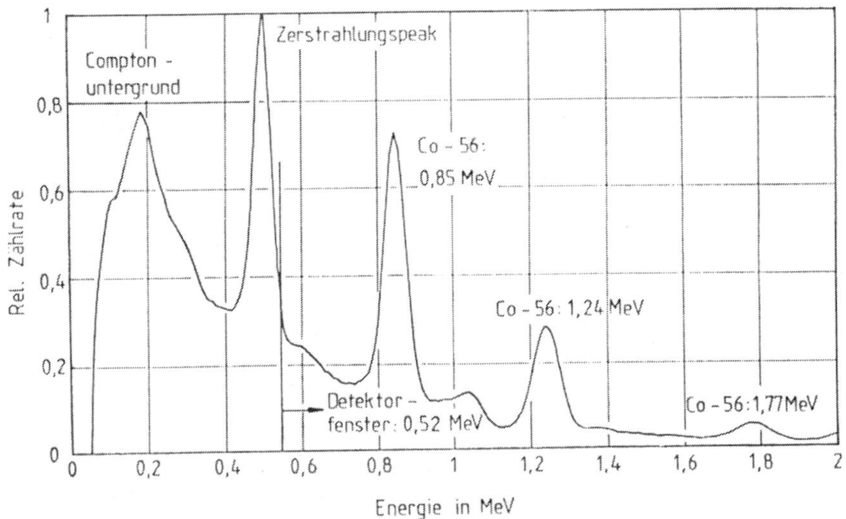

Bild 8: γ-Spektrum des 56-Co.

Besonderheiten bei beschichteten Werkzeugen

Vor einer Aktivierung des Werkzeuges muß festgestellt werden, welche radioaktiven Isotope durch die Bestrahlung mit Protonen gebildet werden. Als Hilfsmittel hierfür ist eine Nuklidkarte [43] unerläßlich. Für die in Werkzeugstählen und Beschichtungen vorkommenden Elemente ist die Umwandlung bei Protonenbeschuß, die Halbwertzeit des Umwandlungsproduktes und dessen Zerfall mit Strahlungsart und -energie wichtig. Des weiteren muß die Anregungsfunktion und der Wirkungsquerschnitt der Elemente berücksichtigt werden, um abschätzen zu können, welche anderen Elemente mitaktiviert werden. Ein Beispiel hierfür ist die Umwandlung von 52-Cr in 52-Mn bei der Aktivierung herkömmlicher Werkzeugstähle, bei denen 56-Co als Meßnuklid dient. Deshalb muß bei einer solchen Aktivierung eine Wartezeit von drei bis vier Wochen vor Versuchsbeginn eingehalten werden, in der 52-Mn mit einer Halbwertzeit von 5,7 Tagen soweit abgeklungen ist, daß es die Messung nicht mehr beeinträchtigt.

Beispiel: Bestrahlung einer TiN-Schicht

Titan kommt in der Natur in fünf stabilen Isotopen vor, wobei 48-Ti mit 73,7 % das häufigste ist. Die Titankerne werden durch Protonenbeschuß in

Vanadiumkerne umgewandelt; je nach Protonenenergie können vier Radionuklide und das stabile Isotop 50-V entstehen. Zwei Radionuklide (46-V und 47-V) haben Halbwertzeiten im Millisekunden- und Minuten-Bereich, so daß sie für Meßzwecke beim DDV unbrauchbar sind. Das Isotop 49-V strahlt keine γ - Quanten aus, so daß nur noch das Isotop 48-V mit einer Halbwertzeit von 15,97 Tagen übrigbleibt. Seine γ-Quanten haben Energien von 983 keV, 1312 keV und 944 keV, mit abnehmender Häufigkeit.

Die Messung des Verschleißes in einer TiN-Schicht nach dem DDV beruht also auf dem Erfassen der γ-Quanten des Isotops 48-V mit einer Halbwertzeit von 15,97 Tagen. Dies bedeutet, daß der Versuch möglichst kurz nach Aktivierung des Werkzeuges ablaufen muß, damit durch eine hohe Impulsrate der Fehler möglichst klein bleibt.

Dieses Beispiel gilt unter der Annahme, daß ausschließlich die TiN-Schicht aktiviert wird. Bei einer minimalen Bestrahlungstiefe von etwa 15 μm wird jedoch meistens durch die Schicht mit einer Dicke zwischen 2 und 6 μm hindurch auch noch der Grundwerkstoff aktiviert. Hier muß dann zusätzlich zum Aktivitätsverlauf in der Schicht noch der im Grundwerkstoff berücksichtigt werden. Die Herstellung, Beschichtung sowie das Abtragen von dünnen Oberflächenschichten der Kalibrierstifte, mit denen dieser Verlauf ermittelt wird - näher beschrieben in [34] -, bereiten große Schwierigkeiten, da eine hohe Genauigkeit gefordert wird. Ferner ist parallel zum Versuch der zeitliche Abfall der Strahlenintensität zu ermitteln, da eine Misch-Halbwertzeit mehrerer Radionuklide (aus Grundwerkstoff und Schicht) berücksichtigt werden muß.

Wesentlich einfacher ist die Verschleißmessung nach dem DDV bei Diffusionsschichten. Hier liegt auch in der behandelten Zone das 56-Fe-Isotop vor. Aus diesem wird durch Kernreaktion bei der Aktivierung das Isotop 56-Co gebildet, welches eine gut meßbare γ-Strahlung hat.

Aus den oben aufgeführten Gründen ist im Vergleich zur Aktivierung nicht beschichteter Stähle bei den beschichteten ein weit höherer Aufwand erforderlich.

Das DDV wurde nur bei der Verschleißmessung der Stempel zum NRFP eingesetzt, da sich der hohe finanzielle Aufwand nur lohnt, wenn mehrere Parameter mit einem aktivierten Werkzeug getestet werden können. Dies setzt gut meßbare Verschleißbeträge bei relativ kleinen Stückzahlen voraus. Diese Bedingung ist aber bei den ausgewählten Umformverfahren, wie die Versuche zeigten, nur beim NRFP erfüllt.

4.5.3 Schichtdicken-Vergleichs-Verfahren

Dieses zerstörende Verfahren kann nur bei beschichteten Werkzeugen eingesetzt werden. Es setzt eine gute Abgrenzung zwischen Schicht und Grundwerkstoff voraus und ist somit hauptsächlich auf Auflageschichten beschränkt.

Stauchen zwischen ebenen Bahnen

Ein Schliff, der durch die Stauchbahnmitte angefertigt wird, zeigt sowohl die maximale Verschleißzone als auch unbeeinflußte Schichtbereiche am Rand auf, vgl. Bild 2. Durch Ausmessen der Schichtdicken im Lichtmikroskop, oder mit noch höherer Genauigkeit im Raster-Elektronen-Mikroskop, kann die Differenz der Schichtdicken, d. h. der Verschleißbetrag, ermittelt werden.

Napf-Rückwärts-Fließpressen

Der Stempel wird nach dem Versuch zerstört, und aus zwei verschiedenen Querschnitten werden Schliffe hergestellt, s. Bild 9. Der Randbereich des Schliffes, der aus dem Fließbund entnommen wird, war während des Versuches dem Verschleiß ausgesetzt, während der Schliff aus dem Schaftbereich des Stempels die ursprüngliche Schichtdicke aufweist. Durch Vergleich der Schichtdicke in beiden Schliffen kann die Differenz wie beim Stauchen ermittelt werden.

Schwierigkeiten bereitet meist die Aufbereitung der Schliffe. Zum Trennen der äußerst harten Werkzeuge, besonders der kompakten Stauchbahnen, eignet sich sehr gut das Drahterodieren. Beim Schleifen und Polieren besteht die Gefahr, daß die Schicht gegen die weichere Einbettmasse ausbrechen kann. Hier können galvanische Beschichtungen oder modifizierte Einbettverfahren Abhilfe schaffen.

Der erhaltene Verschleißbetrag gibt nur den Endwert nach dem Versuch wieder und läßt keine Rückschlüsse auf den Verschleißverlauf zu. Er eignet sich aber gut zum Vergleich mit den Endwerten aus der Geometriemessung.

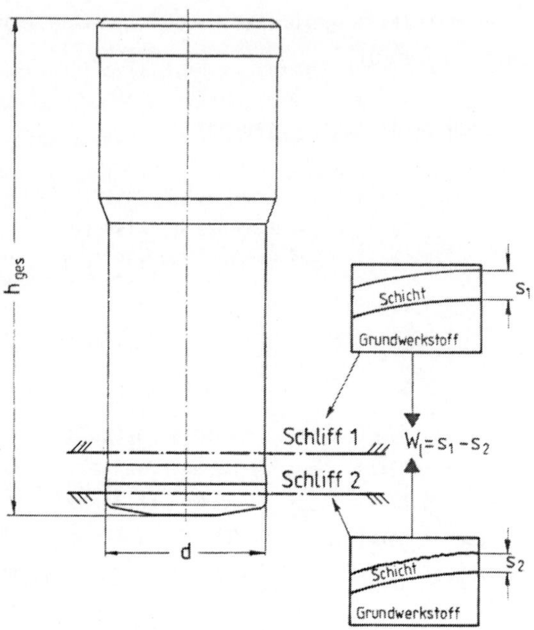

Bild 9: Schichtdicken-Vergleichs-Verfahren.

4.5.4 Oberflächenmessung

Die Erfassung der Oberflächenkennwerte der Werkzeuge vor und nach dem Versuch läßt nur einen qualitativen Rückschluß auf den Verschleiß zu. Dennoch ist diese Messung wichtig, da die Oberflächentopologie des Werkzeuges im Werkstück abgebildet wird und bei fortgeschrittenem Verschleiß zu einer Beeinträchtigung der Gebrauchseigenschaften des Werkstückes, besonders bei einbaufertigen Bauteilen, führen kann.

Die Oberflächenkennwerte nach DIN 4762 und 4768 wurden im Tastschnittverfahren mit einem Oberflächenmeß- und -auswertegerät vom Typ HOMMEL TESTER T 20 S ermittelt. Das Gerät erlaubt über ein Statistikprogramm die schnelle Auswertung mehrerer Einzelmessungen zu einem Mittelwert mit Angabe der Standardabweichung.

4.5.5 Fehlereinflußgrößen und Fehlerabschätzung der Meßverfahren

Die Meßunsicherheit bei der Verschleißmessung nach einem der drei erläuterten Verfahren läßt sich in einen systembedingten und einen von der Meßtechnik bedingten Fehler aufteilen.

Als System wird dabei der Komplex Umformverfahren, Maschine, Werkzeug, Schmierung und Umgebung angesehen. Jede Schwankung einer Größe, die den Verschleiß beeinflussen kann, vgl. Bild 5, führt zu einem systembedingten Fehler. Es gilt daher, diese Größen möglichst konstant zu halten. Besonderer Augenmerk ist auf die eingestellten Umformbedingungen, auf die Schmierung, auf den Zustand der Maschine und die Wärmebehandlung der Werkzeuge zu legen. Durch Qualitätskontrollen vor und während des Versuchs lassen sich einige Größen nahezu konstant halten; andere wiederum sind Schwankungen unterworfen, woraus zufällige Fehler resultieren. Die Meßwerte sind umso zuverlässiger, je größer die Anzahl der Versuche und Messungen ist. Es muß aber ein Kompromiß zwischen Genauigkeit und Aufwand gefunden werden.

Geometriemessung

a) Stauchen zwischen ebenen Bahnen

Beim Abtasten des Verschleißprofils der Stauchbahn muß gewährleistet sein, daß das Profil tatsächlich durch Verschleiß erzeugt wurde, und nicht eine plastische Verformung von Oberflächenbereichen vorliegt. Dies kann durch eine hohe Härte des Werkzeuges erreicht werden.

Je kleiner die Oberflächenrauheit der Stauchbahn ist, desto genauer läßt sich das Profil ermitteln, da die Rauheit das Profil überdeckt. Außerdem ist der Durchmesser der Kugel im Tasterkopf - in diesem Fall d = 5 mm - passend zu wählen.

Die Laufgenauigkeit der Speziallager im Meßschlitten muß von Zeit zu Zeit mit einem Normal kontrolliert und gegebenenfalls über die Vorspannung der Lager korrigiert werden.

Die Formabweichung der Stauchbahnoberfläche von einer Ebene muß möglichst klein sein, da sonst eine Korrekturkurve bei der Ermittlung des Verschleißprofils berücksichtigt werden muß.

Nicht zuletzt muß die Meßwertstreuung, die durch die Meßgeräte selbst verursacht wird, möglichst klein sein.

Je nachdem, wie gut die aufgeführten Bedingungen erfüllt sind, kann die Meßunsicherheit der Meßeinrichtung mit ±0,2 bis ±0,5 µm angegeben werden; von den Einflüssen im gesamten Tribosystem her, können die Fehler aber auch noch größer sein.

b) Napf-Rückwärts-Fließpressen

Beim Vermessen des Fließbunddurchmessers verursacht die Aufstauchung des Stempels den größten Fehler. Trotz der hohen Härte der Werkzeuge stauchen sich diese infolge der hohen Belastung z. T. um 0,01 bis 0,02 mm im Durchmesser auf. Diese Aufstauchung kann nach dem Versuch nicht mehr direkt gemessen werden, da der Fließbunddurchmesser durch den Verschleiß abnimmt. Da aber die Aufstauchung auch eine Längenabnahme bedingt, kann durch Messen der Länge vor und nach dem Versuch über das Gesetz der Volumenkonstanz die Korrektur des Ausgangsdurchmessers ermittelt werden. Wie die Verschleißkurve der ausgemessenen Näpfe zeigte, erfolgt der Aufstauchungsvorgang, der auch eine zusätzliche Verfestigung des Stempelwerkstoffes zur Folge hat, bis zu einer Stückzahl von etwa 500 Näpfen; danach ändert sich der Durchmesser nur noch durch den Verschleiß.

Beim Messen des Innendurchmessers der Näpfe wurde darauf geachtet, daß die Näpfe nach dem Umformen auf Raumtemperatur abgekühlt waren, da eine noch erhöhte Temperatur eine Aufweitung des Napfes und damit einen Meßfehler verursacht.

Die Verschleißwerte, die durch das Ausmessen des Stempels ermittelt werden, müssen infolge der oben beschriebenen Aufstauchung des Stempels mit ±5 µm toleriert werden. Die Unsicherheit beim Messen der Napfinnendurchmesser nach der Einlaufphase ist mit ±2 µm wesentlich kleiner, da mehrere Näpfe vermessen werden und ein Mittelwert gebildet wird.

Dünnschicht-Differenzen-Verfahren

Die Radioaktivität eines Bauteils ist unabhängig von mechanischen oder thermischen Zustandsänderungen. Die Aufstauchung und Temperaturerhöhung des Stempels beeinflussen die Messung also nicht. Nach einer Einlaufphase, bei der verstärkt Rauheitsspitzen am Fließbund abgetragen werden, kann die Aktivitätsabnahme und damit der Verschleißbetrag ermittelt werden. Da der radioaktive Zerfall statistischen Schwankungen unterworfen ist, muß der Versuch so lange durchgeführt werden, bis die Werte unter einem Streuband der Breite σ ($\sigma = \sqrt{\text{gemessene Impulse pro Zeitintervall}}$) liegen [34]. Der Verschleißbetrag kann nach [44] dann mit einer Unsicherheit von ±0,5 µm gemessen werden.

Schichtdicken-Vergleichs-Verfahren

Wenn eine gute Unterscheidung von Schicht und Grundwerkstoff möglich ist und der Schliff gut vorbereitet wird, läßt sich die Schichtdicke im Lichtmikroskop auf ±0,5 µm genau (im Raster-Elektronen-Mikroskop noch genauer) messen.

5 VERSUCHSBEDINGUNGEN UND VERSUCHSPARAMETER

5.1 UMFORMVERFAHREN UND BEARBEITUNGSFOLGE

Die Verschleißversuche wurden mit den Umformverfahren Stauchen zwischen ebenen Bahnen und Napf-Rückwärts-Fließpressen durchgeführt. Die Bearbeitungsfolge ist für beide Umformverfahren in Bild 10 gezeigt. In beiden Fällen wurden die Rohteile mit einem Durchmesser von 14 mm und einem Gewicht von 14,3 ± 0,1 g eingesetzt.

Beim Stauchen wurden die gescherten Rohteile phosphatiert, geschmiert und mit einem Umformgrad φ = 1,1 verpreßt.

Zum Napf-Rückwärts-Fließpressen mit einer relativen Querschnittsänderung ε_A=0,71 wurden die gescherten, phosphatierten und geschmierten Rohteile zu-

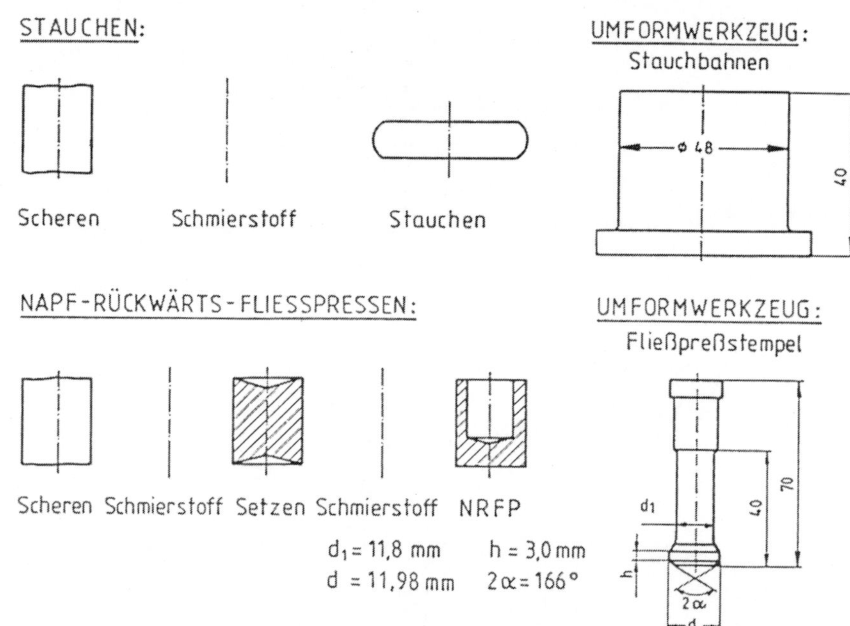

Bild 10: Bearbeitungsfolge und Werkzeuge beim Stauchen und NRFP.

nächst gesetzt, um eine gute Zentrierung des Stempels für das anschließende Napf-Rückwärts-Fließpressen zu erreichen. Nach dem Setzvorgang wurden die Rohteile erneut gebeizt, phosphatiert und geschmiert, da sich gezeigt hatte, daß man sonst mit dieser hohen Umformung an die Grenze der Schmierwirkung von Seifen kommt. Dieser Ablauf entspricht auch dem, der bei einer möglichen Zwischenglühung vorzunehmen wäre.

5.2 VERSUCHSSTAND UND MASCHINE

Die Versuche wurden auf einer C-Gestell- Kniehebelpresse (MAYPRESS, Typ MKN 1-63/6) mit 630 kN Nennkraft und einem Gesamthub von H = 60 mm durchgeführt. Die Rohteile wurden in einen Schwingförderer eingefüllt, dort in eine definierte Lage gebracht und über eine Rutsche auf einen Magneten gefördert. Hier wurde das Rohteil durch einen Greifer gefaßt und zwischen die Werkzeuge gelegt. Nach dem Umformvorgang wurde das Werkstück durch einen Luftstoß aus dem Werkzeugraum ausgeblasen. Die Maschine arbeitete beim Stauchen mit einer Hubzahl von $n_K = 45\ min^{-1}$, beim Napf-Rückwärts-Fließpressen vorwiegend mit $n_K = 40\ min^{-1}$. Um einen durch falsch eingelegte Rohteile verursachten Werkzeugbruch zu vermeiden, wurde die Greiferzange mit einem berührungslos arbeitenden Sensor ausgerüstet, der bei falscher Lage des Rohteils die Maschine stoppte.

5.3 WERKZEUGE

Die Werkzeugaktivteile, d. h. beim Stauchen die obere und untere Stauchbahn, beim Napf-Rückwärts-Fließpressen Stempel, Gegenstempel und Matrize, waren in einem in Säulen geführten Grundgestell befestigt. Dieses Gestell war auf den Maschinentisch und an den Stößel gespannt.

Die Stauchbahnen hatten einen Durchmesser von d = 48 mm und wurden im geschliffenen bzw. geschliffenen und beschichteten Zustand eingebaut. Da nur bei Raumtemperatur umgeformt wurde, lagen an der oberen und unteren Stauchbahn die gleichen Bedingungen während des Umformens vor; dadurch war es möglich, den direkten Vergleich zwischen unbeschichteter und beschichteter Stauchbahn im selben Versuch anzustellen, indem im unteren Werkzeugteil die beschichtete und im oberen die unbeschichtete Stauchbahn eingebaut wurde.

Die Fließpreßstempel wurden gemäß der VDI-Richtlinie 3138 [40] mit einem Fließbunddurchmesser von d = 11,98 mm, einer Fließbundhöhe h = 3 mm und einer Länge l = 70 mm ausgelegt. Der Stempel war im Kopf- und Schaftbereich vor der Beschichtung poliert ($R_a < 0{,}1\ \mu m$).

In Bild 10 sind die wichtigsten Maße der Stauchbahnen und Fließpreßstempel angegeben.

5.4 WERKZEUGWERKSTOFFE

Als Werkstoffe für die untersuchten Werkzeugaktivteile wurden der Schnellarbeitsstahl S 6-5-2 (1.3343), der ledeburitische Kaltarbeitsstahl X 155 CrVMo 12 1 (1.2379) und der Warmarbeitsstahl X 40 CrMoV 5 1 (1.2344) verwendet. Die chemische Zusammensetzung dieser Werkzeugwerkstoffe ist im Anhang A 1 aufgeführt.

Beim Stauchen wurden alle drei Werkstoffe eingesetzt. Die beiden erstgenannten sind gebräuchliche Stähle für die Kaltumformung. Der Warmarbeitsstahl wurde hinzugenommen, um die Auswirkung einer niedrigen Ausgangshärte (HRC 52) zu untersuchen. Die Härte des Schnellarbeitsstahles betrug HRC 64, die des Kaltarbeitsstahles HRC 60.

Die Stempel für das NRFP wurden aus dem Schnellarbeitsstahl sowie dem Kaltarbeitsstahl hergestellt. Bei den Versuchen zeigte sich jedoch, daß der Kaltarbeitsstahl aufgrund seiner geringeren Härte schon bei den ersten Teilen durch Verbiegen versagte. Zum Vergleich der Beschichtungen beim Napf-Rückwärts-Fließpressen wurde deshalb im weiteren nur der Werkstoff S 6-5-2 mit HRC 64 eingesetzt.

5.5 OBERFLÄCHENSCHUTZSCHICHTEN UND VORBEHANDLUNG DER WERKZEUGE

Nach [45] lassen sich die Oberflächenschutzschichten in Reaktionsschichten und Auflageschichten unterteilen, s. Bild 11. Bei den Reaktionsschichten diffundiert das Legierungselement meist in den Grundwerkstoff ein, während bei Auflageschichten die Schicht hauptsächlich durch eine mechanische Verklammerung (Verkrallung) mit dem Grundwerkstoff haftet.

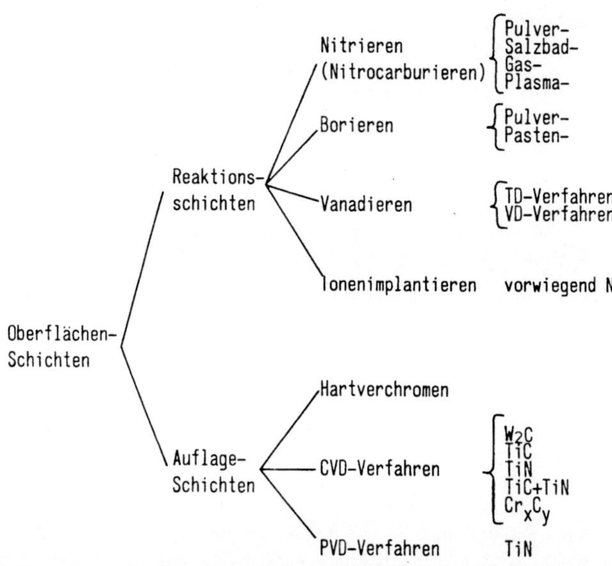

Bild 11: Einteilung der Oberflächenschichten nach [45].

Die Schichten, die für die Kaltmassivumformung in Frage kommen, lassen sich durch folgende Eigenschaften charakterisieren:

- o Härte
- o Schichthaftung
- o Zusammensetzung und Gefüge
- o Behandlungstemperatur und -dauer

- o Rauheitszunahme, Verzug und Volumenzunahme
- o Tribologisches Verhalten
- o Duktilität
- o Eigenspannungen
- o Elastizitätsmodul
- o Wärmeausdehnungskoeffizient
- o Preis

Im Anhang A 2 sind die untersuchten Schichten sowie einige ihrer Eigenschaften (teilweise aus der bei den Verfahren angegebenen Literatur entnommen) aufgelistet. Diese Schichten wurden so ausgewählt, daß sie industriell leicht verfügbar sind und auch in der Praxis angewendet werden, oder weil sie interessante technische Neuerungen darstellen, die bisher noch nicht systematisch für den Bereich der Umformtechnik untersucht wurden. Der Verfahrensablauf und die Beschichtungsbedingungen für diese Schichten werden in den folgenden Abschnitten erläutert.

Die richtige Auswahl der passenden Werkzeugwerkstoffe für eine Beschichtung ist von ausschlaggebender Bedeutung. Da einige Beschichtungsverfahren unterhalb 580 °C durchgeführt werden, ist an eine gezielte Ausnutzung des Sekundärhärtemaximums zu denken, das z. B. bei ledeburitischen Kaltarbeitsstählen und Schnellarbeitsstählen auftritt. Um einen nachträglichen Abfall der Kernhärte zu vermeiden, sollte die Anlaßtemperatur so gewählt werden, daß sie um mindestens 20 °C über der Beschichtungstemperatur liegt. Bei Beschichtungsverfahren, die oberhalb der Anlaßtemperatur ablaufen, müssen die Werkzeuge nach dem Beschichten gehärtet werden. In diesen Fällen kann es bei engtolerierten Werkzeugen vorteilhaft sein, die Werkzeuge auch vor dem Beschichten schon zu härten, da der Verzug dadurch kleiner gehalten werden kann.

Die Oberflächenrauheit der Werkzeuge wird durch die Beschichtung in den meisten Fällen größer. Sollen die Werkzeuge nach dem Beschichten nicht mehr nachpoliert werden - die Problematik des Polierens dieser dünnen

Schichten ist deutlich -, so müssen die Werkzeuge schon vor dem Beschichten eine entsprechend gute Oberfläche aufweisen. Eine Oberfläche mit niedriger Rauheit führt meist auch zu einem besseren Beschichtungsergebnis. Die in der vorliegenden Arbeit gemessenen Oberflächenveränderungen sind bei den Ergebnissen in Kapitel 6 aufgeführt.

Durch die Temperaturdifferenz zwischen Beschichtungs- und Arbeitstemperatur des Werkzeuges und durch die unterschiedlicher Wärmeausdehnungskoeffizienten von Grundwerkstoff und Schicht liegen in der Schicht Eigenspannungen vor, die z. B. gerade an scharfen Kanten unter Umständen zu Rissen führen können.

5.5.1 Reaktionsschichten

5.5.1.1 Nitrieren und Nitrocarburieren

Das Nitrieren, d. h. Anreichern der Randschichten eines Werkzeuges mit Stickstoff durch thermochemische Behandlung, gehört zu den ältesten Oberflächenbeschichtungsverfahren [46]. Beim Nitrocarburieren wird zusätzlich zum Stickstoff Kohlenstoff in die Randschicht eindiffundiert. Dadurch werden zusätzlich Carbide und Carbonitride gebildet, die das Verschleißverhalten verbessern sowie die Duktilität der an der Oberfläche vorliegenden Verbindungsschicht erhöhen. Die Behandlung kann in festen, flüssigen oder gasförmigen Medien erfolgen, wodurch sich im wesentlichen auch die Varianten dieses Verfahrens unterscheiden.

Grundsätzlich entsteht bei diesen Varianten ein ähnlicher Schichtaufbau. Die Nitrierschicht läßt sich in eine Verbindungsschicht (VS) und eine Diffusionsschicht (DS) aufteilen. Die meist porige und spröde intermetallische Verbindungsschicht besteht aus ε-Nitriden ($Fe_{2-3}N$), γ'-Nitriden (Fe_4N), Nitriden anderer Nitridbildner sowie Carbiden und Carbonitriden. Sie entsteht bei der Eindiffusion von Stickstoff durch Überschreiten der Löslichkeit im Grundwerkstoff. Der Stickstoffgehalt in dieser Schicht beträgt etwa 7 bis 9 %.

An die Verbindungsschicht schließt sich zum Werkzeuginnern die Diffusionsschicht an, deren Härte und Tiefe vom Grundwerkstoff abhängt. Je höher der Werkzeugwerkstoff legiert ist, desto kleiner ist die Aufstickungstiefe. In der Diffusionszone ist der Stickstoff auf Eisen-Zwischengitterplätzen gelöst oder liegt als Nitrid oder Carbonitrid vor. Der Stickstoffgehalt fällt vom Wert in der Verbindungsschicht innerhalb einiger Zehntel mm auf den Ausgangswert. Bei den untersuchten Werkzeugwerkstoffen hebt sich das Gefüge der Diffusionsschicht im angeätzten Schliff deutlich vom Kerngefüge ab. Die tatsächliche Aufstickungstiefe ist aber erheblich größer als die sichtbare Diffusionsschicht (DS_S).

Die Verbindungsschicht ist maximal 20 µm dick, die gesamte Diffusionsschicht meist mehrere 100 µm.

Wegen der Gefahr eines Abplatzens der spröden Verbindungsschicht bei stärker belasteten Umformwerkzeugen ist es ratsam, diese Schicht vor dem Einsatz abzupolieren oder durch geeignete Behandlungs- und Parameterwahl möglichst dünn zu halten.

Salzbad-Nitrocarburieren nach dem Tenifer-Verfahren [47]

Diese Behandlungsmethode zeichnet sich durch eine niedrige Behandlungstemperatur, kurze Behandlungsdauer, niedrige Kosten und Umweltfreundlichkeit aus. Die früher üblichen hoch cyanid-cyanathaltigen Salzschmelzen sind heute zu Bädern weiterentwickelt worden, bei denen das Zersetzungsprodukt Carbonat durch Zugabe eines Regenerators wieder zu aktivem Cyanat reduziert wird. Dadurch wurden die Kosten für Badpflege und -regenerierung deutlich niedriger. Die in der vorliegenden Untersuchung nach diesem Verfahren behandelten Stauchbahnen wurden 15 Minuten bei 570 °C nitriert. Bild 12 zeigt die entsprechenden Gefügebilder. Deutlich hebt sich die dunkle Diffussionsschicht vom Grundwerkstoff ab, während die Verbindungsschicht nur als dünner, heller Saum erkennbar ist. Für die beiden Werkzeugwerkstoffe wurden Härtewerte von 1025 HV 0,2 (X 155 CrVMo 12 1) und 1150 HV 0,2 (S 6-5-2) gemessen.

Gas-Nitrieren [48]

Beim Gas-Nitrieren wird das Werkzeug bei einer Temperatur von 500 °C in einen Gasstrom aus Ammoniak (NH_3)behandelt. Vereinfacht dargestellt, spal-

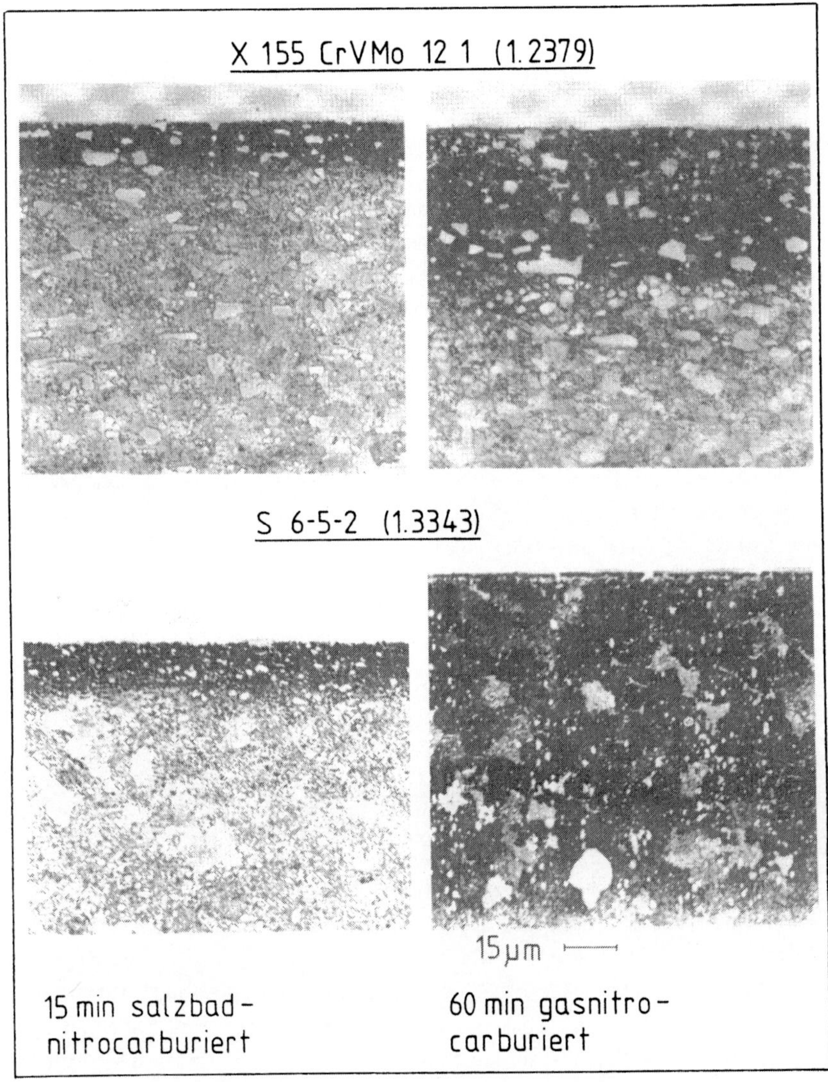

Bild 12: Gefüge nitrocarburierter Werkzeugstähle.

tet sich bei dieser Temperatur Ammoniak in Stickstoff und Wasserstoff auf. Ein Teil des Stickstoffs diffundiert in die Oberfläche des Werkzeuges ein.

Nach [48] ist dieser Vorgang abhängig vom Spaltgrad des Ammoniaks, von der Gasdurchflußmenge im Ofen, von der Behandlungsdauer und von der Oberfläche des Werkstücks. Gegenüber dem Salzbad-Nitrocarburieren reagieren die Verfahren unter Gas empfindlicher auf Verunreinigungen der Oberfläche. Auf eine gute Reinigung muß deshalb geachtet werden.

Die Versuchswerkzeuge wurden 40 Stunden nitriert. Nach Abpolieren der dünnen Verbindungsschicht wurden Härtewerte von 1100 HV 5 für den Werkstoff X 155 CrVMo 12 1 und 1280 HV 5 für den Werkstoff S 6-5-2 gemessen. Die Dicke der sichtbaren Diffusionszone betrug beim Werkstoff S 6-5-2 190 µm, beim X 155 CrVMo 12 1 etwa 170 µm.

Gas-Nitrocarburieren [48]

Das Gas-Nitrocarburieren ist eine Variante des Gasnitrierens, bei der die Temperatur auf 570 °C gesteigert wird. Dadurch wird auch die Nitriertiefe größer bzw. die Behandlungsdauer erniedrigt. Zusätzlich zum Stickstoff als Spaltprodukt des Ammoniaks nimmt die Oberfläche Kohlenstoff und Sauerstoff aus einem Zusatzgas (z. B. CO_2) auf. Dadurch wird die Verbindungsschicht duktiler.

Die untersuchten Werkzeuge wurden 60 Minuten nitrocarburiert. Nach Abpolieren der Verbindungsschicht betrug die Härte für den Werkstoff X 155 CrV-Mo 12 1 1120 HV 0,2, für den S 6-5-2 1280 HV 0,2.

Plasma-Nitrieren [49]

Beim Plasma-Nitrieren, auch Ionitrieren genannt, erfolgt die Aufstickung der Oberfläche im Plasma einer Glimmentladung. Das Werkzeug wird in einem evakuierten Behälter als Kathode geschaltet, die Behälterwand als Anode. Ein stickstoffhaltiges Gas wird in geringen Mengen zugeführt. Nach Anlegen einer Hochspannung ionisieren die Stickstoffatome in der Nähe der Kathode. Die positiv geladenen Stickstoffionen werden zum Werkstück hin beschleunigt, treffen dort mit hoher kinetischer Energie auf und lagern sich in die Oberfläche ein. Die Auftreffenergie wird teilweise in Wärme umgesetzt, wodurch sich das Werkzeug auf die Nitriertemperatur von etwa 510 °C aufheizt. Durch exakte Steuerung der elektrischen Größen und der Gaszufuhr kann der Schichtaufbau verändert werden. Bei niedrigem Stickstoffangebot ist es sogar möglich, die Verbindungsschicht zu unterdrücken.

Die Stauchbahnen aus X 155 CrVMo 12 1 wurden 24 Stunden ionitriert, die Fließpreßstempel aus S 6-5-2 30 Minuten. Diesen Zeiten liegen Erfahrungswerte der Beschichtungsfirma zugrunde. Bild 13 zeigt die Vickershärte der ionitrierten Werkzeuge für verschiedene Lasten. Der Verlauf kennzeichnet qualitativ den Härteverlauf in der Schicht.

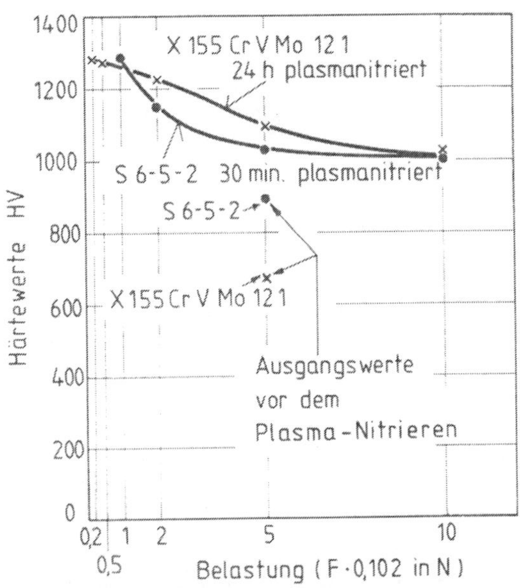

Bild 13: Vickershärte bei verschiedenen Lasten.

Bisherige Erfahrungen mit nitrierten Werkzeugen

Über gute Erfahrungen mit nitrierten Werkzeugen in der Umformtechnik wird in [27], [49] und [50] berichtet. Hauptsächlich wurden hier jedoch Werkzeuge in der Warmmassivumformung getestet. Nitrierte Werkzeugstähle für die Warm- und Kaltumformung wurden von Geller und Pavlova untersucht [51]. Diese Autoren geben Empfehlungen für eine geeignete Werkstoffauswahl. Über Erfahrungen mit dem Badnitrieren von Werkzeugen berichtet Eysell in [52]. Er stellt die teils beachtlichen Erfolge vor dem Hintergrund niedriger Kosten und geringer Form- und Maßänderungen heraus. Hinweise für die Vorbehandlung und die Wahl der Beschichtungsparameter bei Werkzeugen der Kaltmassivumformung gibt Liedtke in [53]. Die Beschichtungsverfahren, u. a.

die Nitrierverfahren, und Erfahrungen mit diesen Schichten in der Kaltumformung erläutern Kübert und Woska in [54] und [55].

5.5.1.2 Vanadieren nach dem TD-Verfahren [56]

Die Beschichtung der Werkzeuge mit Vanadiumkarbid (VC) nach dem TD-Verfahren [1] erfolgt in einem Salz-Schmelzbad. Die Salzschmelze besteht zum großen Teil aus Borax ($Na_2 B_4 O_7$) und Zusätzen (Eisenlegierungen,die karbidbildende Elemente, hauptsächlich Vanadium, aber auch Niob, Titan, Chrom oder Mangan enthalten). Die in der Salzschmelze beschichteten Werkzeuge werden direkt aus dem Bad zur Aushärtung in Öl oder Salz abgeschreckt. Die Badtemperatur wird deshalb nach der gewünschten Härtetemperatur des Grundwerkstoffs eingestellt.

Die Schichtdicke hängt von der Badtemperatur, der Behandlungsdauer und von der chemischen Zusammensetzung des Grundmaterials ab und ist exakt steuerbar.

Durch die hohe Behandlungstemperatur treten Verzugsprobleme auf. Um diesen entgegenzuwirken, wird empfohlen, die Werkzeuge schon vor dem Beschichten einmal zu härten. Durch diese vorgezogene Umwandlung des Gefüges werden die Maßänderungen beim nochmaligen Härten deutlich reduziert.

Durch die Behandlung wird die Oberflächenrauheit vergrößert. Ein Hochglanzpolieren der Werkzeuge nach dem Beschichten ist deshalb in den meisten Fällen notwendig.

Die im Gegensatz zur Verbindungsschicht beim Nitrieren porenfreie Schicht besteht ausschließlich aus Carbiden ohne Bindemittel. Bild 14 zeigt eine deutliche Trennungslinie zwischen Schicht und Substrat. Durch die hohe Verfahrenstemperatur findet aber in dünnen Bereichen eine wechselseitige Diffusion zwischen Grundwerkstoff und Substrat statt, die wesentlich zur

---

[1] TD - Toyota Diffusion

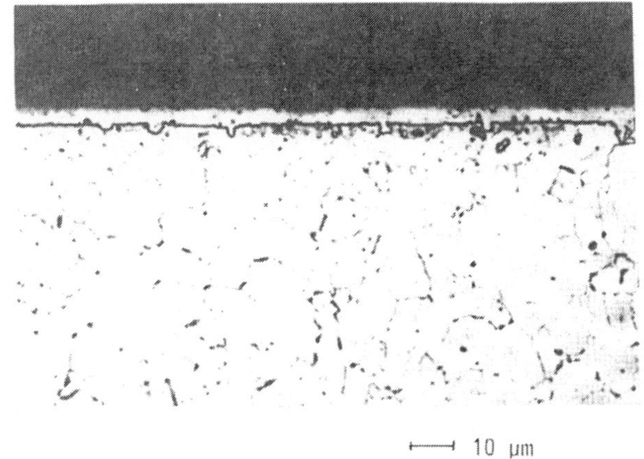

Bild 14: Vanadiumcarbidschicht auf X 155 CrVMo 12 1.

guten Haftfähigkeit dieser Schichten beiträgt. Ein weiterer Vorteil ist die gleichmäßige Beschichtung auch von schwer zugänglichen Stellen, z. B. bei Matrizen mit tiefliegenden Schultern. Diese Eigenschaft ist bei einigen anderen Beschichtungsverfahren, z. B. der PVD-Beschichtung, nicht gegeben.

Die Stauchbahnen aus dem Kaltarbeitsstahl X 155 CrVMo 12 1 wurden bei 1020 °C 0,5 bzw. 3 Stunden behandelt, um unterschiedliche Schichtdicken zu erzeugen. Die Werkzeuge aus dem Schnellarbeitsstahl S 6-5-2 wurden ebenfalls bei 1020 °C beschichtet. Die Behandlungsdauer betrug 4 Stunden. Die Härte der so erzeugten Schichten beträgt etwa 2800 HV 0,02.

Bisherige Erfahrungen mit vanadierten Werkzeugen

Über Erfahrungen mit Werkzeugen, die nach dem TD-Verfahren beschichtet wurden, wird hauptsächlich in japanischen Arbeiten berichtet [57, 58]. Bei Fließpreßstempeln, die ähnliche Abmessungen wie in der vorliegenden Arbeit hatten, wurden 3 bis 6fache, in Einzelfällen bis 40fache Standzeitverbesserungen erreicht. Beim Stauchen wurden ähnlich gute Ergebnisse erzielt. Beim NRFP wurden verbesserte Notlaufeigenschaften in bezug auf die Adhäsion nachgewiesen.

5.5.1.3 Ionenimplantieren [59, 60]

Das Ionenimplantieren hat seinen Ursprung in der Halbleitertechnik, wo es seit etwa 15 Jahren zu Dotierzwecken eingesetzt wird. Mit diesem Verfahren lassen sich die mechanischen und chemischen Oberflächeneigenschaften von Bauteilen verändern. Der Schwerpunkt der älteren Untersuchungen lag in der Verschleißminderung von Lagerkomponenten und Werkzeugen sowie in der Erhöhung der Korrosions- und Oxidationsbeständigkeit von Bauteilen.

Beim Ionenimplantieren wird das Legierungselement direkt als beschleunigtes Ion in die Oberfläche des zu behandelnden Werkstückes eingeschossen. Eindringtiefe und Konzentrationsverteilung hängen von der Art und Energie der Ionen ab. In Bild 15 ist schematisch der Implantationsvorgang für ein Kohlenstoffion mit einer Energie von 100 keV dargestellt [61]. Das auftreffende Ion schlägt ("sputtert") im statischen Mittel etwa drei Atome aus der Oberfläche heraus und erzeugt auf seinem Weg in den Werkstoff mehrere tausend Wechsel von Atomen auf andere Gitterplätze. Wenn das Ion abgebremst ist, verbleiben etwa 300 Leerstellen und etwa ebensoviele Gitterdefekte. Darüber hinaus kann es beim Implantationsvorgang zu strahlungsinduzierten Diffusionserscheinungen und Ausscheidungen kommen.

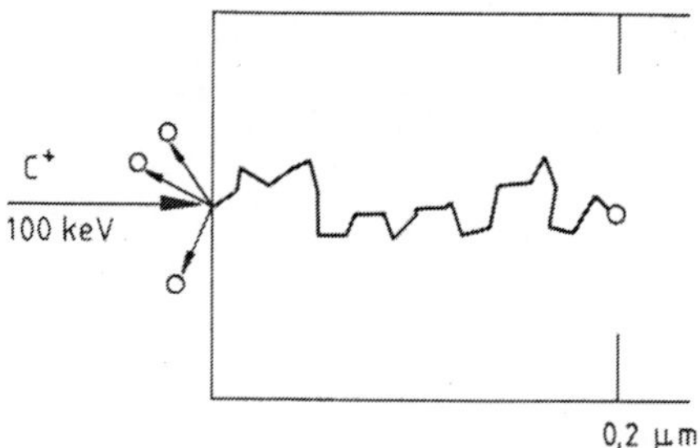

Bild 15: Schematische Darstellung des Implantationsvorgangs nach [61].

Die Implantationsdosen, die zur Beeinflussung der mechanischen Eigenschaften von Metallen notwendig sind, liegen im Bereich 2 bis $6 \cdot 10^{17}$ Ionen/cm². Die daraus resultierende maximale Konzentration, z. B. für Stickstoffionen mit einer Energie von 100 keV beträgt 11 bis 12 Atom-%. Die Konzentrationsverteilung über der Implantationstiefe ist schematisch in Bild 16 dargestellt.

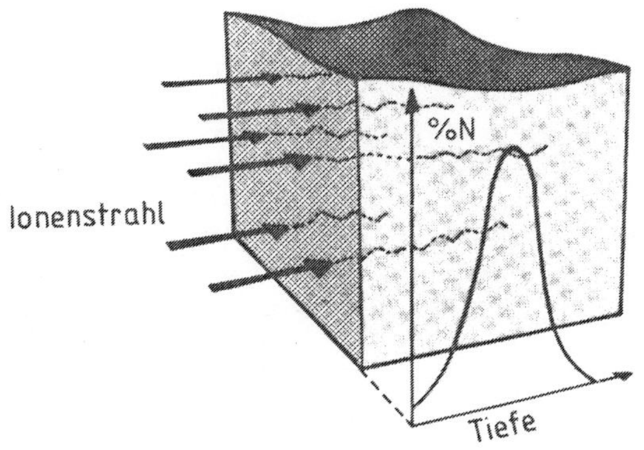

Bild 16: Konzentrationsverteilung bei N^+-Implantation nach [59].

Die implantierten Ionen verbinden sich teilweise mit dem Grundwerkstoff, z. B. Stickstoff mit Eisen zu $Fe_{16}N_2$, oder sie liegen ungebunden vor.

Mit wenigen Ausnahmen kann grundsätzlich jedes Element in jeden Werkstoff eingelagert werden. Bisher haben sich Stickstoff, Bor, Titan, Tantal, Zinn und Barium bewährt. In der Zukunft ist aber eine Ausweitung auf weitere Elemente zu erwarten.

Zum Verständnis des Verschleißvorgangs bei implantierten Werkzeugen ist die Betrachtung der Eindringtiefe der Ionen wichtig. Je nach Energie der Ionen ist eine erhöhte Konzentration bis in eine Tiefe von etwa 0,4 µm feststellbar. Während des Verschleißvorgangs treten jedoch Mechanismen auf, die bewirken, daß die Verschleißminderung durch eine Ionenimplantation noch feststellbar ist, wenn der Verschleißbetrag ein Vielfaches der ursprünglichen Implantationstiefe erreicht hat. In [62] wird hierfür ein Beispiel im Stift-Scheibe-Versuch angegeben, s. Bild 17. Trotz einer Anfangstiefe von 0,4 µm ist nach einem Verschleißbetrag von 5,0 µm noch eine Stickstoffkonzentration vorhanden, die 30 % der ursprünglichen aufweist. Dieser Effekt kann nach [62] mit einer triboinduzierten Diffusion erklärt werden. Die Ursache hierfür ist die leichte Beweglichkeit metastabiler Komplexe aus Stickstoff und Fehlstellen, sogenannter N-Defektagglomerate und die erhöhte Löslichkeit im System infolge der Temperaturerhöhung durch Reibung. Bei reinem Eisen sind Diffusionsgeschwindigkeiten von etwa 1 µm/h bei 230 °C

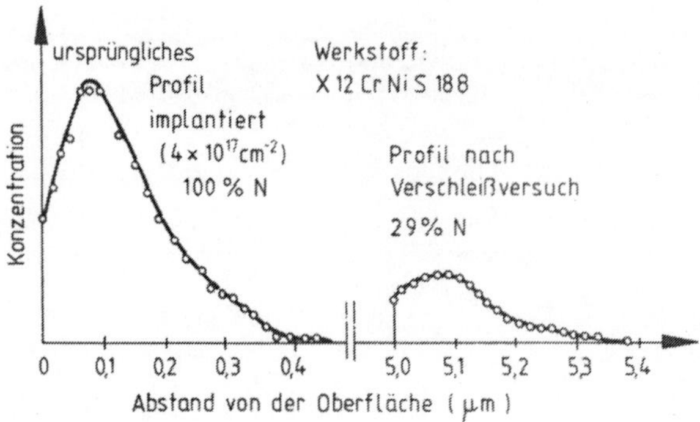

Bild 17: Beispiel für triboinduzierte Diffusion nach [62].

anzunehmen. In Stählen dürfte diese Diffusionsgeschwindigkeit kleiner sein, doch liegen die integral gemessenen Temperaturen an den verwendeten Werkzeugen zwischen 80 °C und 120°C. Unter Berücksichtigung der bei Verschleißvorgängen örtlich auftretenden "Blitztemperaturen" von über 1000 °C [62] und der auf die Oberfläche wirkenden hohen Normalspannungen, die eine Diffusion ins Innere begünstigen, sind Diffusionsgeschwindigkeiten von mehreren Mikrometern pro Stunde denkbar.

Bild 18 zeigt schematisch, wie unterschiedlich die Oberflächenreaktion bei Diffusionsschichten, Auflageschichten und einer triboinduzierten Diffusion bei einer Verschleißbeanspruchung sind.

Wie unten aufgeführt, wurden mit stickstoffimplantierten Werkzeugen beachtliche Erfolge erreicht. Aus diesem Grund wurde ein Großteil der in der vorliegenden Arbeit eingesetzten Werkzeuge ebenfalls mit Stickstoffionen implantiert. Die Stauchbahnen aus dem Kaltarbeitsstahl X 155 CrVMo 12 1 wurden mit Dosen von $6\cdot10^{17}$ N^+/cm^2 und einer Teilchenenergie von 150 keV bestrahlt. Parallel dazu wurden auch Versuche mit borimplantierten Stauchbahnen ($5\cdot10^{17}$ B^+/cm^2, 150 keV) aus dem gleichen Kaltarbeitsstahl gefahren. Da die Implantationswirkung auch vom Grundwerkstoff abhängt, wurde als weiterer Grundwerkstoff der Warmarbeitsstahl X 40 CrMoV 5 1 mit Stickstoffionen bestrahlt ($6\cdot10^{17}$ N^+/cm^2, 100 keV).

Die implantierten Stempel aus S 6-5-2 wurden mit Stickstoffionen mit Dosen von $4\cdot10^{17}$ N^+/cm^2 bis $1\cdot10^{18}$ N^+/cm^2 und Energien von 100 keV bis 150 keV

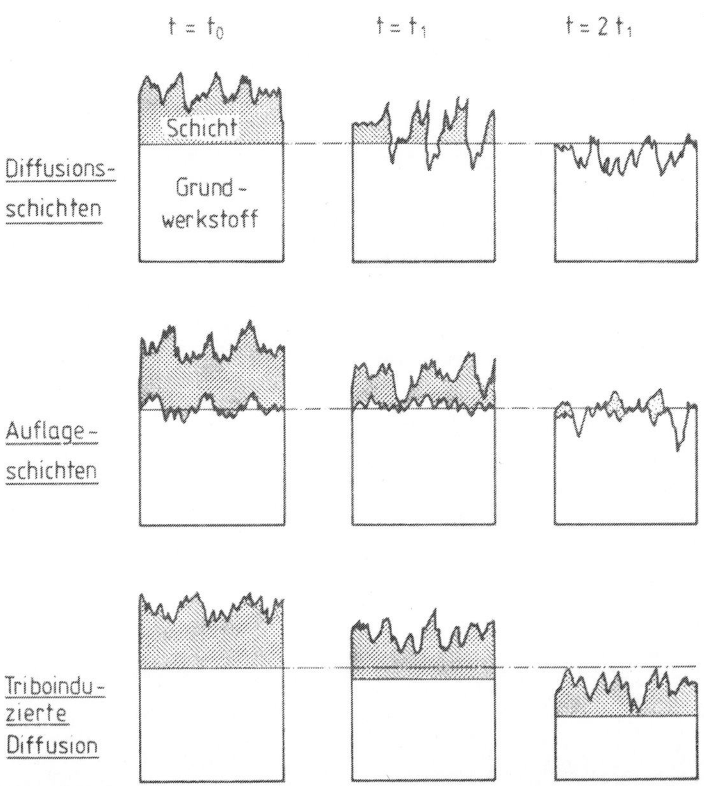

Bild 18: Verschleiß bei verschiedenen Schichtarten.

behandelt. Eine Angabe von Härtewerten bei dieser Beschichtung ist nicht sinnvoll, da die Prüfspitze bei der Härtemessung durch die implantierte Schicht in den Grundwerkstoff eindringt, so daß hauptsächlich die Härte des Grundwerkstoffs gemessen wird.

Alle Werkzeuge wurden durch das Physikalisch-Chemische Institut der Universität Heidelberg implantiert.

Die wesentlichen Vorteile dieses Verfahrens gegenüber dem konventionellen Nitrieren konnten auch hier bestätigt werden:

o die Behandlungstemperatur liegt unter 200 °C

o es treten keine Veränderung der Geometrie und der Oberflächenrauheit auf.

Bisherige Erfahrungen mit ionenimplantierten Werkzeugen

Ionenimplantierte Werkzeuge wurden bisher im Bereich der Umformtechnik vorwiegend in England und den USA eingesetzt. Hierbei wurde hauptsächlich mit Stickstoff implantiert.

Drozda [64] berichtet von einer Standzeitverlängerung für Umformwerkzeuge aus Hartmetall um 100 bis 500 %. Über ähnliche Erfolge wird in [65] und [66] für Drahtziehmatrizen, Strangpreßmatrizen und auch für Fließpreßwerkzeuge aus Hartmetall, bzw. aus chromreichen Werkzeugstählen, berichtet.

5.5.2 Auflageschichten

5.5.2.1 Hartverchromen [67, 68]

Das Hartverchromen gehört zu den galvanischen Beschichtungsverfahren. Aus einem sogenannten Standard-Chrombad oder Mischsäure-Elektrolyten wird Hartchrom abgeschieden. Die Schichteigenschaften lassen sich über die Badzusammensetzung, die Badtemperatur, die Stromdichte und über die Behandlungsdauer regeln. Da die Badtemperatur maximal 98 °C - meist zwischen 50°C und 65 °C - beträgt, finden keine temperaturbedingten Veränderungen des Gefüges statt.

An der Werkzeugoberfläche wird während des Vorgangs auch Wasserstoff abgeschieden, der in nicht unerheblichem Maße auch in den Werkstoff eindiffundiert und dort zu einer Wasserstoffversprödung führt. Durch eine Auslagerung von 1 bis 2 Stunden bei 200 °C kann dieser Wasserstoff teilweise wieder ausdiffundieren. Je nach Abscheidungsbedingungen tritt beim Hartverchromen ein mehr oder weniger stark ausgebildetes Rißnetzwerk auf. Diese Risse können bei hohen Belastungen zur Rißeinleitung auch in den Grundwerkstoff führen.

An Kanten muß darauf geachtet werden, daß hier durch eine örtlich höhere Stromdichte eine dickere Schicht abgeschieden wird. Diese Erscheinung wurde auch an den verchromten Stauchbahnen beobachtet. Bei einer Behandlung von Bohrungen, z. B. bei Matrizen, kann für eine gleichmäßige Beschichtung die Verwendung von Hilfsanoden notwendig werden.

Durch neue elektrolytische Verfahren, bei denen der Strom gepulst wird, wird eine sehr gute Haftung erreicht, die Wasserstoffversprödung verhindert und die Oberfläche ist riß- und porenfrei; die Härte erreicht bis zu 1800 HV 0,1 [69].

Die Beschichtung durch Hartverchromen erfolgte in einem Industriebetrieb. Die Stauchbahnen aus dem Kaltarbeitsstahl wurden so behandelt, daß sich eine Schichtdicke von 5 μm bzw. 10 μm ergab. Die näheren Angaben über die Beschichtungsparameter waren von seiten der Firma trotz intensiver Nachfrage nicht zu erhalten.

Fließpreßstempel wurden nicht behandelt, da anzunehmen ist, daß bei den sehr hohen Belastungen die Schicht abplatzt. Die Härte der Chromschichten liegt bei 1025 HV 0,2. Bei einer Arbeitstemperatur von etwa 180 °C fällt die Härte um etwa 100 HV 0,1 ab.

Bild 19 zeigt eine Gefügeaufnahme. Die Trennlinie zwischen Chromschicht und Grundwerkstoff zeichnet sich deutlich ab.

Bisherige Erfahrungen mit hartverchromten Werkzeugen

Obwohl dieses Verfahren für verschiedene Anwendungen schon lange genutzt wird, liegen für den Bereich der Massivumformung kaum Untersuchungen vor. Von Lange und Meinert [71] wurden die Auswirkungen einer Hartverchromung auf den Verschleiß von Schmiedegesenken untersucht. Sie fanden heraus, daß bei einer Beschichtung unter optimalen Bedingungen und einer nachfolgenden Auslagerung zum Austreiben des Wasserstoffes der Verschleiß reduziert werden kann. In dieser Studie wurde auch die Wirtschaftlichkeit einer Hartverchromung nachgewiesen.

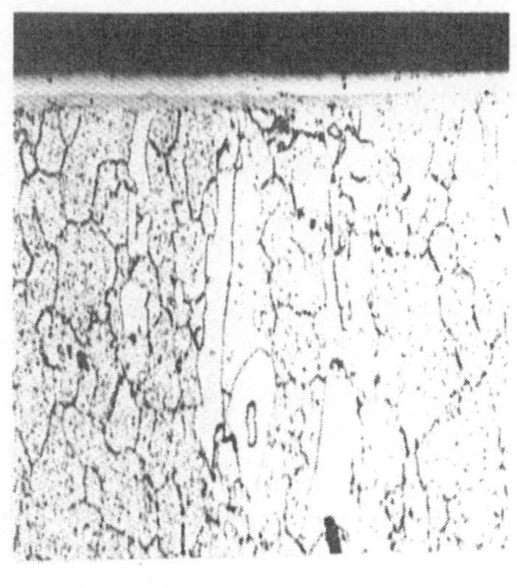

Bild 19: Hartchromschicht auf X 155 CrVMo 12 1.

5.5.2.2 CVD-Verfahren [71 bis 74]

Unter CVD (Chemical Vapour Deposition) versteht man chemische Reaktionen, die in der Gasphase bei einem beliebigen Druck unter Zuführung von Wärme oder Strahlungsenergie ablaufen und dabei wirtschaftlich nutzbare Feststoffprodukte und flüchtige Nebenprodukte bilden [71].

Übertragen auf eine Werkzeugbeschichtung bedeutet dies, daß das Werkzeug in eine Gasatmosphäre eingebracht wird, die den Schichtstoff als flüchtige Verbindung enthält. Das Werkzeug wird erwärmt, an der heißen Oberfläche brechen die Verbindungen auf, der Schichtstoff kondensiert und bildet so eine Schicht auf dem Werkzeug.

Die möglichen Reaktionsgleichungen für den am häufigsten abgeschiedenen Schichtstoff Titancarbid lauten vereinfacht [73]:

$$TiCl_4 + 2\ Fe + CH_4 \longrightarrow TiC + 2\ FeCl_2 + 2\ H_2 \quad (6)$$

$$TiCl_4 + 2\ Fe + C \longrightarrow TiC + 2\ FeCl_2 \quad (7)$$

$$TiCl_4 + (H_2) + CH_4 \longrightarrow TiC + (H_2) + 4\ HCl \quad (8)$$

In der Praxis laufen diese Reaktionen über mehrere Teilschritte ab. Die Gleichung (7) kennzeichnet die Startreaktion bei der Beschichtung. Der auf der linken Gleichungsseite als Reaktionspartner stehende Kohlenstoff muß im Grundwerkstoff zur Verfügung stehen; deshalb sollten Stähle für eine CVD-Beschichtung mit Titancarbid einen Kohlenstoffgehalt >1 % haben. Obwohl mit diesem Verfahren am häufigsten Titancarbid abgeschieden wird, kommen zahlreiche andere Schichtstoffe in Betracht, vgl. Anhang A 3 [75]. Dieses große Spektrum führte dazu, daß sich CVD-Schichten für die verschiedensten technischen Anwendungen bewährt haben, z. B. in der Lagertechnik, in der spanenden und umformenden Fertigung oder in der Kunststofftechnik.

Mit diesem Verfahren besteht auch die Möglichkeit, mehrere verschiedene Schichten, z. B. TiC-TiCN-TiN, aufeinander abzuscheiden ("Sandwich-Schichten"), um somit die Gebrauchseigenschaften und die Haftung zu optimieren.

Je nach Schichtstoff kann beim CVD-Verfahren in unterschiedlichen Temperaturbereichen beschichtet werden [72]. In dieser Untersuchung wurden die Schichtstoffe W_2C und TiC auf Stauchbahnen aus dem Werkstoff X 155 CrVMo 12 1, TiC auch auf dem Schnellarbeitsstahl S 6-5-2 abgeschieden.

Bei der Beschichtung mit Wolframcarbid wird das Werkzeug vor der CVD-Behandlung vernickelt, um eine vom Grundmaterial unabhängige Abscheidung mit guter Schichthaftung zu erreichen [76]. In den Reaktor werden dann Kohlenwasserstoffe und flüchtige Wolframverbindungen zusammen mit Argon und Wasserstoff eingeleitet. Bei Temperaturen zwischen 400 °C und 550 °C wird W_2C auf dem Werkzeug abgeschieden.

Die Behandlungsdauer liegt je nach Schichtdicke zwischen 1 bis 2 Stunden. Im vorliegenden Fall wurde auf der Stauchbahn 2 μm Nickel und darauf 3 bis 4 μm W_2C mit einer Härte von 2100 HV 0,02 abgeschieden. Bild 20 zeigt den Schichtaufbau mit der dünnen Nickelschicht und der darauf haftenden Wolframcarbidschicht.

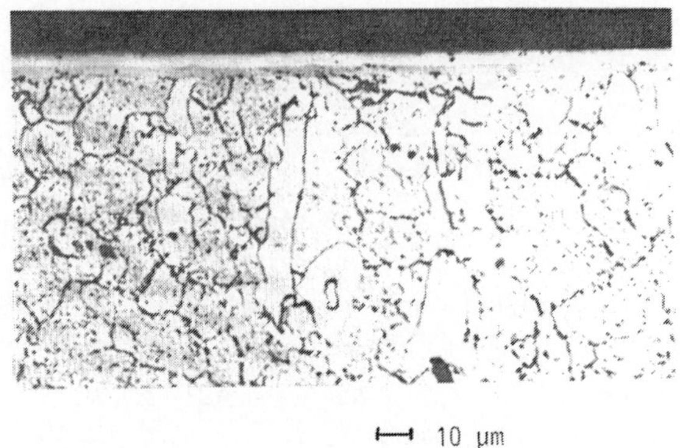

Bild 20: Wolframcarbidschicht auf X 155 CrVMo 12 1.

Die Abscheidung von Titancarbid erfolgt bei einer Temperatur von 950 °C. Daraus folgt, daß das Werkzeug nach der Beschichtung noch einmal gehärtet werden muß. Wegen der Verzugsgefahr ist ein Voraushärten empfehlenswert. Bild 21 zeigt den Fertigungsablauf für die Herstellung einer Beschichtung auf einem 12 %igen Chromstahl [77]. Sehr aufwendig ist die Nachwärmebehandlung unter Schutzgas bzw. im Vakuum.

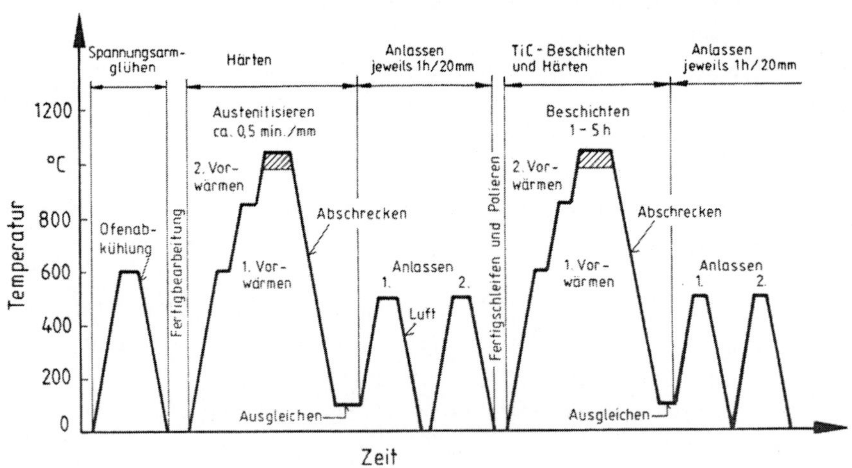

Bild 21: Fertigungsablauf einer CVD-Beschichtung mit Titancarbid nach [77].

Bild 22: Titancarbidschicht auf X 155 CrVMo 12 1.

Die eingesetzten Stauchbahnen wurden mit 8 µm TiC mit einer Härte von etwa 4000 HV 0,02 beschichtet. Bild 22 zeigt den globularen Schichtaufbau. Bei der hohen Abscheidungstemperatur ist mit einer etwa 1 µm dicken Diffusionsschicht zu rechnen, die sich positiv auf die Schichthaftung auswirkt. Da bei diesen hohen Temperaturen die Oberfläche aufrauht, ist bei Stempeln, die eine Funktionsfläche als Innenkontur erzeugen, ein Nachpolieren erforderlich [78].

Durch die Komplexität der Wärmebehandlung und des Beschichtungsverfahrens selbst ist eine enge Zusammenarbeit mit einer Beschichtungsfirma und eine fachkundige Beratung unerläßlich.

Bisherige Erfahrungen mit CVD-beschichteten Werzeugen

Über eine Standzeitverbesserng mit W_2C-beschichteten Werkzeugen für die Massivumformung liegen bisher keine Erfahrungen vor. Es kann jedoch angenommen werden, daß diese Beschichtungen wegen ihrer hohen Warmhärte auch für die Warmmassivumformung interessant sind.

Für die CVD-Beschichtung mit TiC gibt es umfangreiche Literaturangaben. Schmidt [78] vergleicht den Einsatz von CVD- und PVD-Schichten für die Kaltmassivumformung und gibt wesentliche Hinweise zur Anwendung und zur Wirtschaftlichkeit. Hintermann erläutert in [71] ein Beispiel für das Abstreckgleitziehen einer Stoßdämpferhülse, bei der mit TiC-beschichteten Stempeln eine Standzeiterhöhung um den Faktor 200 gegenüber unbeschichteten Stempeln erreicht wurde. Hegi [79] gibt für Stempel zur Schraubenherstellung mit einer Sandwich-Schicht aus TiC und TiN eine Erhöhung der Standmenge von 25 000 auf über 200 000 Stück an. In [80] wird für das NRFP von Aluminium und Zink eine Verbesserung der Standmenge von 20 000 auf 125 000 Näpfe angegeben. Über weitere Erfahrungen wird in [81], hier aber für CVD-TiN-Schichten, und in [82] allgemein für Kaltumformwerkzeuge berichtet.

5.5.2.3 PVD-Verfahren

Der Begriff PVD (Physical Vapour Deposition) faßt die Verfahren zusammen, bei denen Metalle, Legierungen und chemische Verbindungen durch Zufuhr thermischer Energie oder kinetischer Energie mittels Teilchenbeschuß im Vakuum abgeschieden werden [83 bis 89].

Bei den PVD-Verfahren liegt im Gegensatz zu den CVD-Verfahren das Schichtmetall - hauptsächlich wird Titan verwendet - zunächst in fester Form vor. Der Beschichtungsprozeß läßt sich in drei Phasen gliedern:

1. Überführen des Schichtmetalls in die Dampfphase

2. Transport des Dampfes zum Werkzeug

3. Kondensation des Dampfes, Keimbildung und Schichtwachstum.

Entsprechend ihren Verdampfungs- und Transportmechanismen unterscheidet man die Verfahren

o Aufdampfung (evaporation)

o Kathodenzerstäubung (sputtering)

o Ionenplattieren (ion plating).

Für Umformwerkzeuge hat sich das Ionenplattieren durch hohe Abscheidungsrate, Gleichmäßigkeit der Schichtdicke und gute Schichthaftung durchgesetzt.

Nach [88] und [89] läuft das Ionenplattieren wie folgt ab: das Werkzeug wird in eine Vakuumkammer gebracht, die auf 10^{-7} bis 10^{-8} Pa evakuiert wird. Nachfolgend wird Argon in die Kammer eingelassen, so daß sich ein Arbeitsdruck von 10^{-4} bis 10^{-5} Pa einstellt. An das Werkzeug wird eine negative Hochspannung (einige kV) angelegt, während die Verdampfungsquelle als Anode geschaltet wird. Zwischen Werkzeug und Verdampfungsquelle baut sich eine Gasentladung im Argon auf. In einer ersten Phase werden nun das Werkzeug und der Halter mit Argon-Ionen beschossen und somit geätzt. Durch dieses "Sputtern" wird auf dem Halter befindliches Schichtmaterial (von vorausgegangenen Beschichtungen) mit dem Werkzeugwerkstoff vermischt. Es bildet sich im Werkzeug eine für die Haftung günstige "Pseudo-Diffusionsschicht". In der zweiten Phase wird dieser Ionenbeschuß zur ständigen Reinigung fortgesetzt, zusätzlich wird aber Beschichtungsmaterial in die Gasentladung eingedampft. Als Verdampfungsquellen sind Kalt- und Heißkathoden-Elektronenkanonen, Bogenentladungen, Zerstäuberelektroden oder widerstandsbeheizte Quellen gebräuchlich. Der Dampf aus dem Beschichtungsmetall ionisiert teilweise und wird zum Werkzeug hin beschleunigt. Er reagiert an der Werkzeugoberfläche mit einem Gas (z. B. Stickstoff) und bildet, ausgehend von Keimen, die gewünschte Schicht. Für die Umformtechnik haben sich Titannitrid-Schichten am besten bewährt [86, 87, 88].

Die durch den Ionenbeschuß am Werkzeug entstehende Temperatur beträgt ca. 500 °C. Da die Verfahrenstemperatur unter der Anlaßtemperatur vieler Werkzeugstähle für die Kaltmassivumformung liegt, eignet sich diese Beschichtung sehr gut für einen solchen Einsatz.

Die in der Praxis bewährte Schichtdicke liegt zwischen 2 und 6 µm. Die zu beschichtenden Werkzeuge müssen vor allem folgenden Anforderungen genügen [88]:

o gute elektrische Leitfähigkeit des Werkzeugwerkstoffes

- o Anlaßtemperatur mindestens 500 °C
- o metallisch blanke Oberfläche (geschliffen, poliert, schlicht-erodiert oder geläppt)
- o von Poliermitteln freie Oberfläche
- o kein Korrosionsangriff an der Oberfläche
- o Oberflächenkennwert $R_a < 0,4$ µm bei Umformwerkzeugen
- o Bohrungen nur bis zu einem Durchmesser/Tiefen-Verhältnis von 1 beschichtbar.

Die in dieser Arbeit nach dem PVD-Verfahren mit TiN beschichteten Stauchbahnen aus X 155 CrVMo 12 1 und die Stempel aus S 6-5-2 weisen eine Schichtdicke von 5 µm auf. Bild 23 zeigt die REM-Aufnahmen einer TiN-Schicht auf einem Stempel. Deutlich hebt sich die Schicht vom Grundwerkstoff ab.

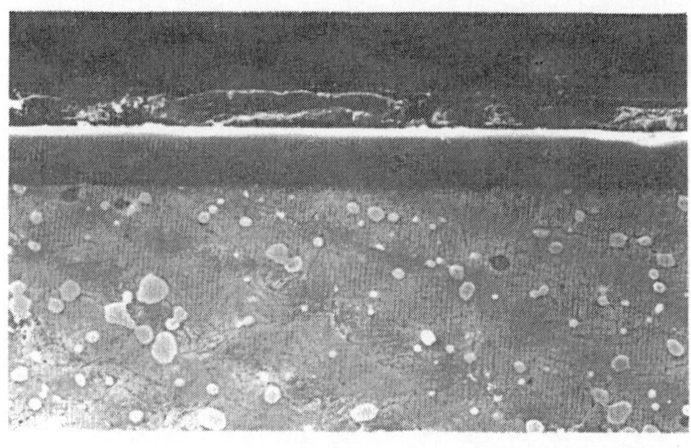

Bild 23: REM-Aufnahme einer PVD-TiN-Schicht.

Bisherige Erfahrungen mit PVD-TiN-beschichteten Werkzeugen

Für das Kaltfließpressen werden TiN-Schichten seit 1976 mit Erfolg eingesetzt. Vogel [88] gibt eine Standzeitverlängerung um den Faktor 3 bis 10 an.

In [87] werden für das NRFP mit dem Stahl 16 MnCr 5 Standmengen von 3 000 ohne Beschichtung und 250 000 mit Beschichtung angegeben.

Für ein Industrieunternehmen wird in [90] die Standmenge von Stempeln zum NRFP von Näpfen aus dem Werkstoff X 7 Cr 13 bei unbeschichteten und CVD-TiN- sowie PVD-TiN-beschichteten Stempeln verglichen. Die unbeschichteten Stempel erreichten eine Standmenge von etwa 10 000, die CVD-TiN-beschichteten 40 000 bis 70 000 und die PVD-TiN-beschichteten 140 000 bis 180 000. Im letzten Fall wurde der Fließbund nach der Beschichtung noch einmal poliert, da hierdurch bessere Ergebnisse erwartet wurden; diese Erwartung wurde im vorliegenden Fall bestätigt.

5.6 WERKSTÜCKWERKSTOFFE

Der Großteil der Versuche wurde mit dem Einsatzstahl 20 MnCr 5 (1.7147) durchgeführt. In einigen Versuchen wurde zusätzlich mit dem Vergütungsstahl 41 Cr 4 (1.7035) gearbeitet. Im Anhang A 4 ist die chemische Analyse der beiden Werkstoffe aufgeführt.

Die Stähle wurden als rundes Stabmaterial nach DIN 1013 mit einem Durchmesser d = 14 mm, rohgewalzt, gefriemelt und GKZ-geglüht, bezogen.

5.7 SCHMIERSTOFFE

Als Schmierstoffträger wurde eine 12 bis 15 µm dicke Zinkphosphatschicht (NO_2-beschleunigt) auf die Rohteile aufgebracht. Die Struktur einer solchen Schicht zeigt Bild 24. Die stark kristalline Oberfläche bietet eine gute Haftung für die Schmierstoffe.

Bild 24: REM-Aufnahme der Phosphatschicht.

Anschließend wurden die Rohteile mit einem Seifenschmierstoff - Bonderlube 236 (reine Alkaliseife) - behandelt oder in Einzelfällen auch in eine Dispersion von lamellaren Festschmierstoffen - Molydag 16 (MoS_2-Basis, 18 bis 20 Vol.-% in Wasser) - getaucht. Letzterer Schmierstoff wird eingesetzt, wenn Seifenschmierstoffe infolge hoher Temperaturen versagen - Seifen sind nur bis etwa 200 °C stabil - oder wenn der Schmierfilm infolge einer zu hohen Oberflächenvergrößerung reißt. Nach Nehl [34] ist der Verschleiß beim MoS_2-Schmierstoff wesentlich geringer als beim Seifenschmierstoff. Im folgenden wird ein kurzer Preisvergleich gegeben; dieser muß sicher betriebsspezifisch korrigiert werden, da der Phosphatschichtaufbau und dessen Dikke, die Behandlungstemperaturen und anlagenspezifische Daten zu beachten sind.

Für den Seifenschmierstoff kann ein durchschnittlicher Verbrauch von 10 bis 20 g/m^2 , für den MoS_2-Schmierstoff von 15 g/m^2 , bzw. 50 g/m^2 angelieferter Gemische mit geringerer Konzentration, angenommen werden.

Für den Verbrauch ergibt sich also ein Verhältnis 1 : 2,5 bis 1 : 5. Verrechnet mit dem Preisverhältnis je Kilogramm Schmierstoff von etwa 1 : 4 zugunsten der Seife ergibt sich ein Preisverhältnis von 1 : 10 bis 1 : 20 je Quadratmeter mit Seife bzw. MoS_2 geschmierter Fläche.

Wird eine nachträgliche Entfernung der Schmierstoffe vom Werkstück gefordert, so ist dies beim Seifenschmierstoff einfacher als beim lamellaren Festschmierstoff.

5.8 SPANNUNGEN UND TEMPERATUREN AM WERKZEUG

Die Druckbelastung der Stauchbahnen beträgt, vereinfacht nach Siebel [91] berechnet, 990 N/mm^2 für den Einsatzstahl 20 MnCr 5 und 1100 N/mm^2 für den Vergütungsstahl 41 Cr 4 für die Stauchbahnmitte. Zum Werkstückrand hin fallen die Spannungswerte auf den Wert der Fließspannung - für den Umformgrad φ = 1,1 etwa 900 N/mm^2 für den 20 MnCr 5 , bzw. 1000 N/mm^2 für den 41 Cr 4 - ab. Die Stauchbahntemperatur beträgt bei einer Hubzahl von 45 min^{-1} etwa 80 °C, die Werkstücktemperatur nach der Umformung etwa 160 °C.

Beim NRFP liegen die Werkzeugbelastungen wesentlich höher. Nach Tresca [92] beträgt die axiale Druckspannung im Stempel 3150 N/ mm^2 für den 20 MnCr 5 und 3400 N/mm^2 für den 41 Cr 4. Diese hohen Belastungen verursachen auch eine erhöhte Werkzeugtemperatur. Bei der Hubzahl von 40 min^{-1} und einem Verhältnis Napftiefe h_i/Napfinnendurchmesser d_i von 1,0 stellt sich eine Werkzeugtemperatur von etwa 120 °C am Fließbund ein. Die gepreßten Näpfe haben im Bodenbereich eine Temperatur von etwa 160°C kurz nach dem Ausblasen aus dem Werkzeugraum.

Im Anhang A5 und A6 sind die Versuchsbedingungen noch einmal zusammengestellt.

6 VERSUCHSERGEBNISSE

6.1 STAUCHEN ZWISCHEN EBENEN BAHNEN

6.1.1 Versuche mit unbeschichteten Stauchbahnen

Wie schon im Abschnitt 4.2 erläutert, wurden bei den Stauchversuchen die beschichteten und die unbeschichteten Stauchbahnen im gleichen Versuch getestet. Daß diese Vorgehensweise zum Vergleich des Verschleißes zwischen unbeschichteter und beschichteter Stauchbahn empfehlenswert ist, zeigt die vergleichende Auswertung der Ergebnisse. Hiernach ergibt sich bei unbeschichteten Stauchbahnen für 20 000 Teile beim Kaltarbeitsstahl ein Verschleißbetrag zwischen 2,0 und 4,3 µm und beim Schnellarbeitsstahl zwischen 0,5 und 2,8 µm. Die Ursache hierfür ist mit abnehmender Gewichtung in der Oberflächenrauheit, der Härte und dem Gefüge zu sehen. Bei rauheren Oberflächen vergleichbarer Stauchbahnen liegt der Verschleißbetrag nicht wie zu erwarten höher, sondern teilweise niedriger. Dies ist darauf zurückzuführen, daß die Tastkugel des Verschleißmeßsystems bei rauheren Oberflächen tiefer in die Rauheitstäler eindringt und somit die mittlere Profillinie, die als Bezugslinie bei der Auswertung herangezogen wurde, gegenüber einer glatteren Oberfläche weiter in den Werkstoff verlegt. Der von den Rauheitsbergen aus angreifende Verschleiß ergibt also bei gleichem Betrag (von den Spitzen aus gemessen) bei rauheren Oberflächen kleinere Werte zur Bezugslinie, vgl. Bild 25. Weiter muß jedoch berücksichtigt werden, daß der

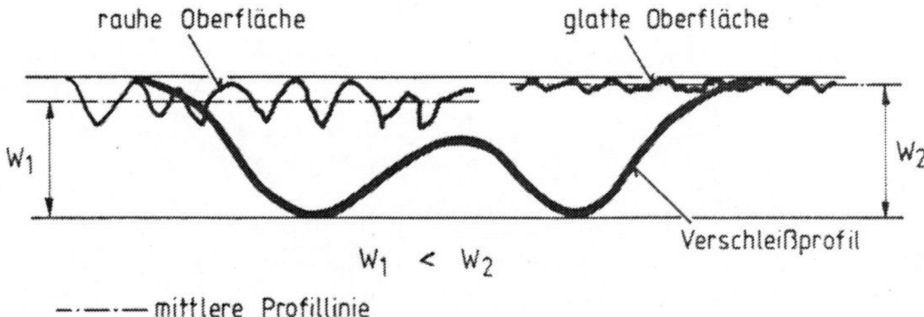

Bild 25: Verschleißbetrag bei verschiedenen Oberflächenrauheiten.

tragende Flächenanteil bei glatteren Oberflächen größer ist und somit bei diesen ein geringerer Verschleiß durch kleinere Flächenpressung auftritt. Aus dieser Betrachtung ist zu erkennen, daß die Oberflächenrauheit einen nicht zu vernachlässigenden Einfluß hat, der aber durch die Komplexität der Oberflächentopologie in dem vorliegenden Bereich kleiner Verschleißbeträge und geringer Rauheitsunterschiede kaum erfaßt werden kann.

Obwohl für die Oberflächenrauheit (R_a<0,8 µm) und die Härte (±1 HRC-Wert) vorgegeben wurden, schwankten diese durch fertigungsbedingte Ungenauigkeiten im zulässigen Toleranzfeld. Um die Schwankungen innerhalb eines Versuches zu minimieren, wurden immer Stauchbahnen mit vergleichbarer Ausgangsoberfläche und etwa gleicher Härte zusammen eingesetzt. Durch die Beschichtung wird allerdings die Rauhtiefe einer Stauchbahn verändert. Die R_z-Werte der Stauchbahnen vor dem Versuch sind zur Dokumentation in den Bildern mit angegeben.

6.1.2 Einfluß des Nitrierens und Nitrocarburierens

Salzbad-Nitrocarburieren

Zunächst sollte bei der Verschleißmessung nitrierter Stauchbahnen die spröde Verbindungsschicht vor dem Versuch abpoliert werden. An einem polierten Stauchbahnpaar zeigte sich jedoch, daß durch die beim Polieren erzeugte Formabweichung - durch Andrücken der Stauchbahn an die Polierscheibe wird am Rand mehr Werkstoff abgetragen als in der Stauchbahnmitte - nach 20 000 Teilen der Verschleiß nicht mit ausreichender Sicherheit zu messen war. Deshalb wurde bei den weiteren Versuchen auf das Polieren verzichtet; dies hatte zur Folge, daß schon bei den ersten Teilen die Verbindungsschicht abplatzte. Das Abplatzen zeigt sich im Verlauf der Verschleißkurven, s. Bild 26 und 27, durch einen meist raschen Anstieg bei nitrierten Stauchbahnen. Die Kurven für unbeschichtete Stauchbahnen liegen in diesem Bereich unter denen für nitrierte. Erst im Bereich zwischen 3 000 und 7 500 Teilen schneiden sich die beiden Kurven, und der Verschleiß der nitrierten liegt wegen der verschleißmindernden Wirkung der Diffusionszone unter dem Verschleißbetrag der unbeschichteten Stauchbahn. Das teilweise Absinken des Verschleißbetrages ist auf ein späteres Abplatzen der Verbindungsschicht über den Umformbereich hinaus zurückzuführen. Dadurch werden auch der Anfangs- und Endpunkt der Meßstrecke nach unten verschoben, und es erscheinen

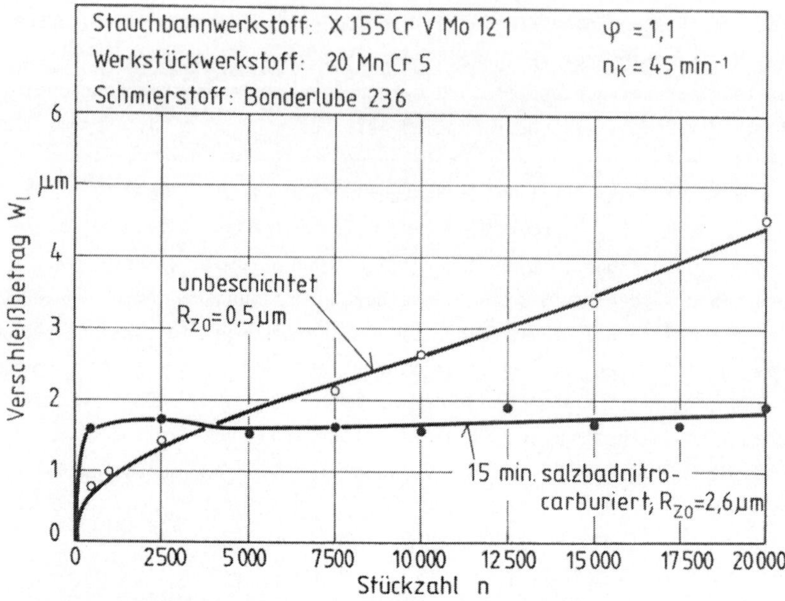

Bild 26: Verschleiß einer salzbadnitrocarburierten Stauchbahn aus X 155 CrVMo 12 1.

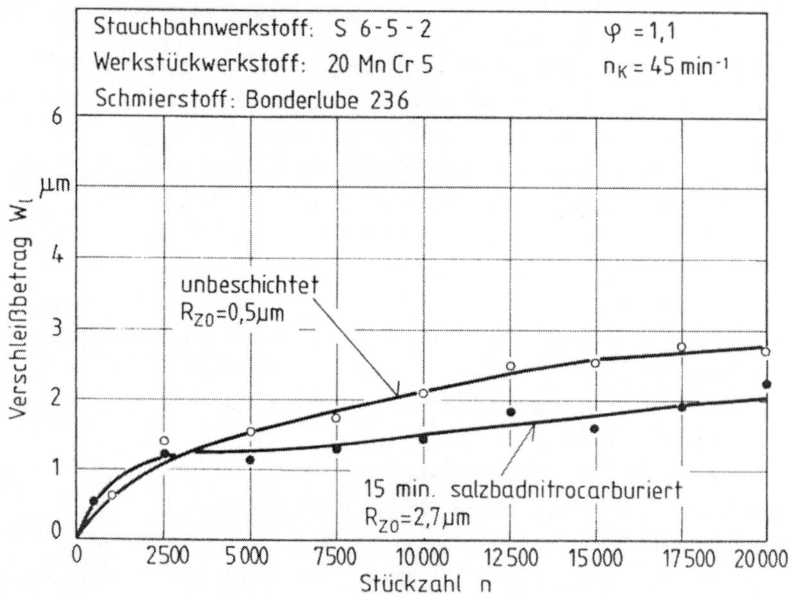

Bild 27: Verschleiß einer salzbadnitrocarburierten Stauchbahn aus S 6-5-2.

kleine Verschleißbeträge. Weitere getestete Stauchbahnen ergaben gleiche Ergebnisse.

In der REM-Aufnahme im Bild 28 sind noch Teile der spröden und porösen Verbindungsschicht am Rand der Verschleißzone zu erkennen.

Generell zeigte der Schnellarbeitsstahl bei den eingesetzten Stauchbahnen einen geringeren Verschleiß als der Kaltarbeitsstahl. Dies bestätigte sich auch bei salzbadnitrocarburierten Stauchbahnen.

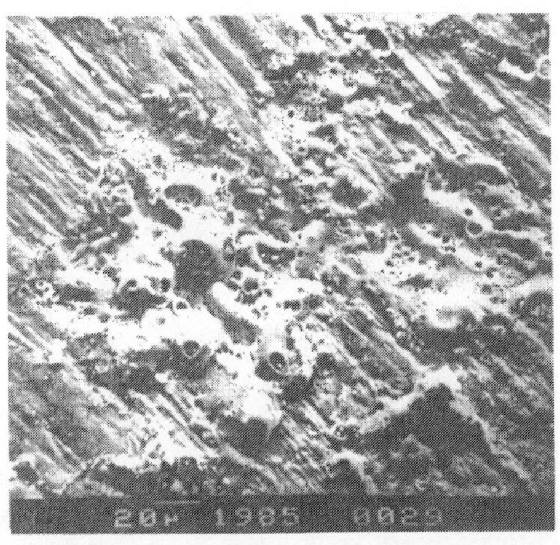

Bild 28: REM-Aufnahme vom Rand der Verschleißzone.

Oberflächenmessungen:

Da die Stauchbahnen geschliffen eingesetzt wurden, d. h. mit einer relativ großen Oberflächenrauheit, ist die Rauhtiefe nach der Umformung weniger aussagefähig, da die Rauheitsberge je nach Lage zur Schleifrichtung verschieden stark abgetragen werden.

Um Aussagen über die Aufrauhung von Oberflächen durch die Beschichtung machen zu können, ist aber die Messung der Rauhtiefe vor und nach der Beschichtung aufschlußreich. Hier wurde der Mittelwert des Aufrauhungsfaktors der Rauheitswerte R_t, R_a, R_z und R_{pm} herangezogen.

Bei den salzbadnitrocarburierten Stauchbahnen zeigte sich, daß die Aufrauhung quer zur Schleifrichtung kleiner war als in Schleifrichtung und daß sie beim Schnellarbeitsstahl größer war als beim Kaltarbeitsstahl, s. Tabelle 1.

Werkstoff	Aufrauhungsfaktor	
	in Schleifrichtung	quer zur Schleifrichtung
X 155 CrVMo 12 1	1,10 bis 1,45	0,95 bis 1,05
S 6-5-2	1,75 bis 2,25	0,90 bis 1,15

Tabelle 1: Oberflächenaufrauhung durch Salzbad-Nitrocarburieren.

Es findet also eine Art Homogenisierung der geschliffenen Fläche statt. Der Unterschied zwischen beiden Werkzeugwerkstoffen könnte auf die jeweilige Gefügestruktur - der Schnellarbeitsstahl weist eine feinere Carbidverteilung an der Oberfläche auf - zurückzuführen sein, die sich bei der Beschichtung verschieden verhält.

Gas-Nitrieren

Die gasnitrierten Stauchbahnen verhielten sich ähnlich wie die salzbadnitrierten. Bild 29 zeigt einen typischen Verschleißverlauf, wie er auch bei weiteren Versuchen mit dieser Beschichtung ermittelt wurde. Wiederum liegt durch das Abplatzen der Verbindungsschicht der Verschleißbetrag der nitrierten Stauchbahn zunächst über dem der unbeschichteten. Auch hier setzt sich dann bei höheren Stückzahlen die verschleißmindernde Wirkung der Diffusionsschicht durch.

Oberflächenmessungen:

Wegen des Anpolierens der Oberfläche bei der Beschichtungsfirma (zum Zweck der Mikrohärteprüfung) war eine Oberflächenmessung zur Feststellung der Aufrauhung nicht möglich.

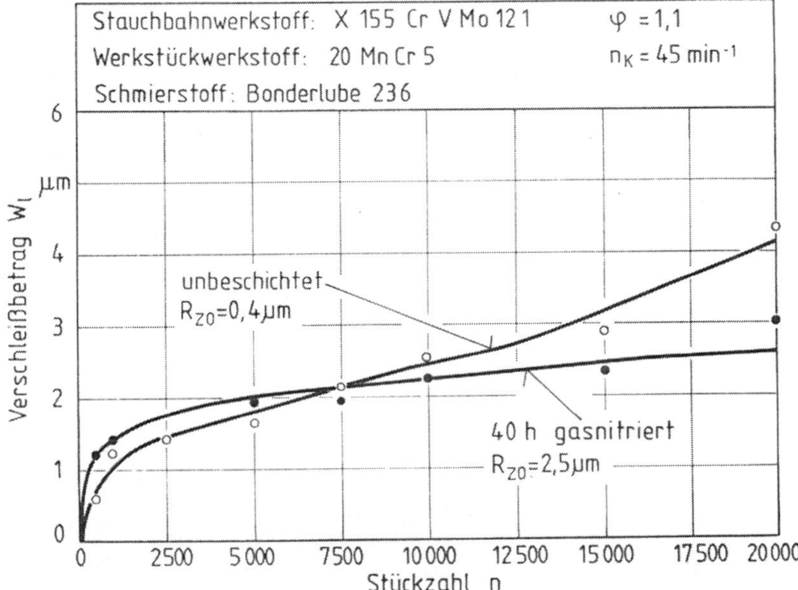

Bild 29: Verschleiß einer gasnitrierten Stauchbahn aus X 155 CrVMo 12 1.

Gas-Nitrocarburieren

Auch beim Gas-Nitrocarburieren nach dem Nitroc-Verfahren platzt zunächst eine Verbindungsschicht auf der beschichteten Stauchbahn aus dem Schnellarbeitsstahl S 6-5-2 ab, s. Bild 30. Der relativ geringe Verschleiß dieses Werkzeugwerkstoffs hat zur Folge, daß bis zur Stückzahl von 20 000 der Verschleißbetrag der unbeschichteten Stauchbahn nicht den Wert der Dicke der abgeplatzten Schicht erreicht, also auch kein Schnittpunkt der beiden Kurven auftritt. Die dickere Verbindungsschicht beim 60 Minuten gasnitrocarburierten Schnellarbeitsstahl gegenüber dem 15 Minuten salzbadnitrocarburierten ist auch im Bild 12 erkennbar.

Oberflächenmessungen:

Durch das Gas-Nitrocarburieren verändert sich die Oberfläche trotz längerer Behandlungszeit und größerer Nitriertiefe nicht so stark wie beim Salzbad-Nitrocarburieren. Die Rauhtiefenwerte in Schleifrichtung wurden um den

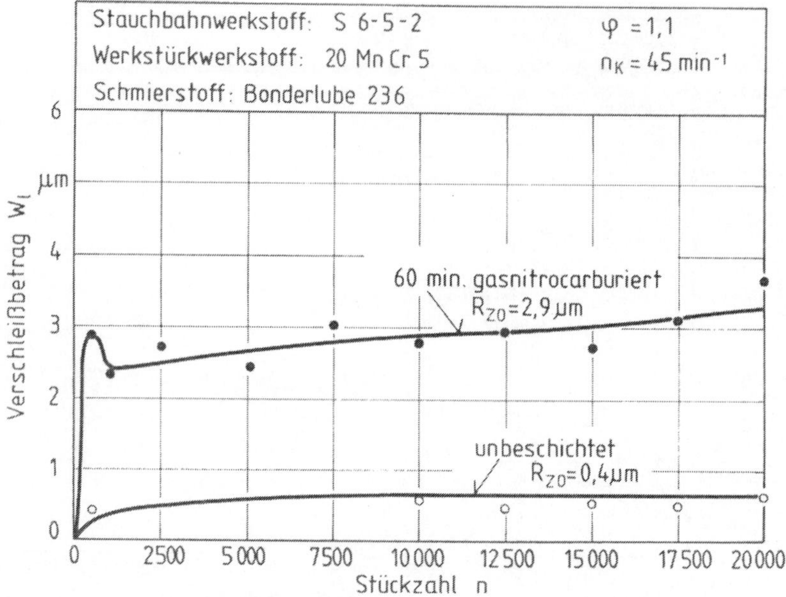

Bild 30: Verschleiß einer gasnitrocarburierten Stauchbahn aus S 6-5-2.

Faktor 1,25 größer, die Werte quer zur Schleifrichtung etwa um den Faktor 1,1. Die Oberfläche wird also im Vergleich zur Badbeschichtung schonender behandelt.

Plasma-Nitrieren

Beim Plasma-Nitrieren besteht die Möglichkeit, die spröde Verbindungsschicht sehr dünn zu halten. Dies ist auch beispielhaft in den Verschleißverläufen im Bild 31 zu sehen. Die Verbindungsschicht, die bei diesen Stauchbahnen noch abplatzt, ist wesentlich dünner als bei den andersartig nitrierten Stauchbahnen. Aus dem geringen Unterschied in der Verbindungsschichtdicke bei den plasmanitrierten Stauchbahnen - etwa 0,5 µm - resultiert der abweichende Verlauf der beiden beschichteten Werkzeuge. Der nur noch flache Anstieg nach etwa 5 000 Teilen bestätigt eine gute Verschleißreduzierung.

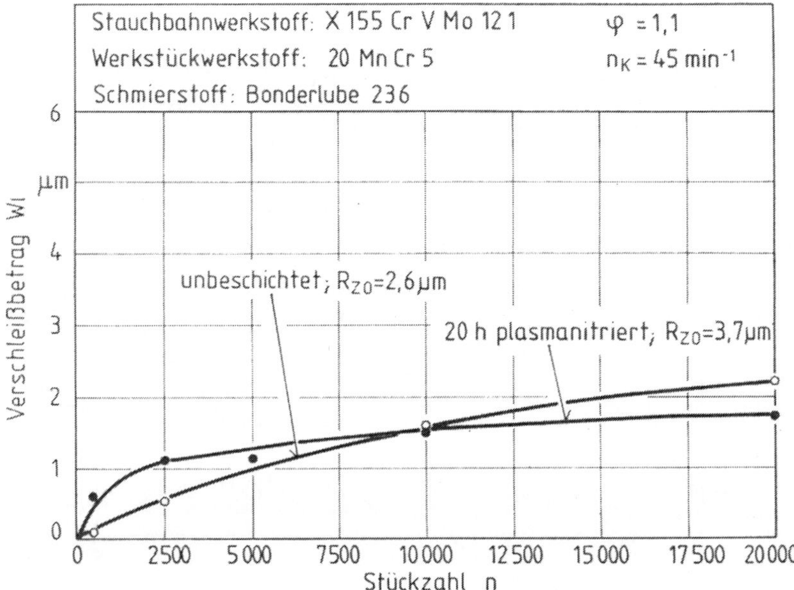

Bild 31: Verschleiß einer plasmanitrierten Stauchbahn aus X 155 CrVMo 12 1.

Oberflächenmessungen:

Durch die Behandlungszeit von 24 Stunden rauht die Oberfläche in erheblichem Maße auf; in Schleifrichtung wurde ein Faktor 1,55, quer zur Schleifrichtung ein Faktor zwischen 1,20 und 1,35 ermittelt.

6.1.3 Einfluß des Vanadierens

Bei der Auswertung der Versuche mit vanadierten Stauchbahnen war die Ermittlung des Verschleißbetrages durch Abtasten der Oberfläche sehr schwierig, da die Stauchbahnen vom Beschichten poliert angeliefert wurden; dadurch war die Oberfläche nicht mehr eben, und es mußte eine Korrektur der gemessenen Verschleißbeträge um einen Ausgangswert durchgeführt werden.

Bild 32 zeigt den Verschleißverlauf für den Kaltarbeitsstahl X 155 CrVMo 12 1 mit einer Behandlungszeit von 3 Stunden. Es ist kein we-

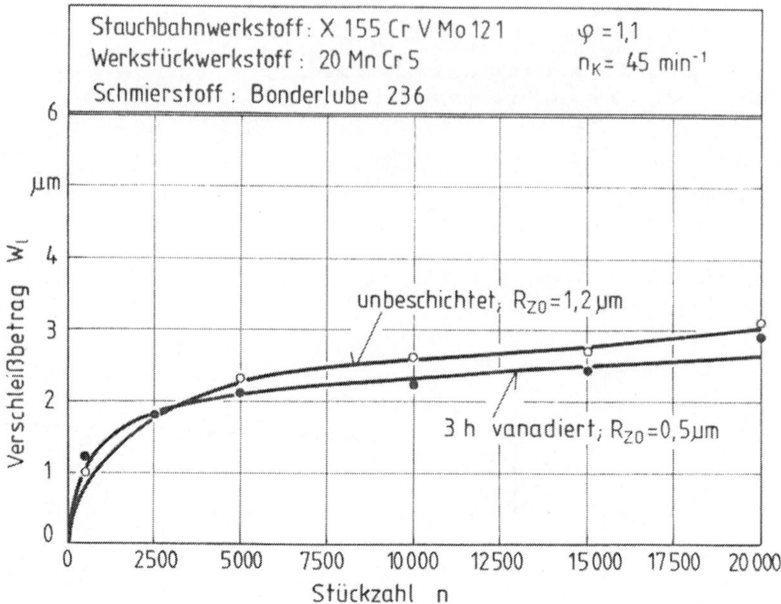

Bild 32: Verschleiß einer vanadierten Stauchbahn aus X 155 CrVMo 12 1.

sentlicher Unterschied zwischen beschichteter und unbeschichteter Stauchbahn zu sehen. Zum Teil kann dies, wie erwähnt, an der Auswertung liegen.

Eine weitere beschichtete Stauchbahn aus dem Kaltarbeitsstahl, die aber nur 0,5 Stunden behandelt wurde, zeigte nach ca. 500 Teilen am Rand der Zone, in der die Teile umgeformt wurden, Risse, s. Bild 33. Möglicherweise ist für den Einsatz dieser Schichten in der Massivumformung eine gewisse Schichtdicke notwendig, um einerseits durch die längere Behandlungszeit und damit eine tiefere Diffusionsschicht eine bessere Haftung zu gewährleisten und andererseits durch die größere Dicke eine Rißbildung zu unterdrücken. Bild 34 gibt den Verschleißverlauf für den Schnellarbeitsstahl S 6-5-2 - Behandlungszeit 4 Stunden - wieder. Wie schon bei anderen Beschichtungsverfahren, liegt der Verschleißbetrag unter dem des Kaltarbeitsstahls. Auch hier ist kein gravierender Unterschied zwischen beschichteter und unbeschichteter Stauchbahn feststellbar.

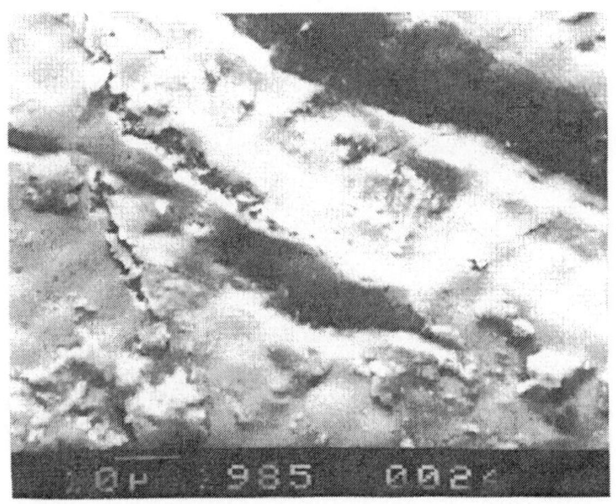

Bild 33: Risse in der Vanadiumcarbidschicht.

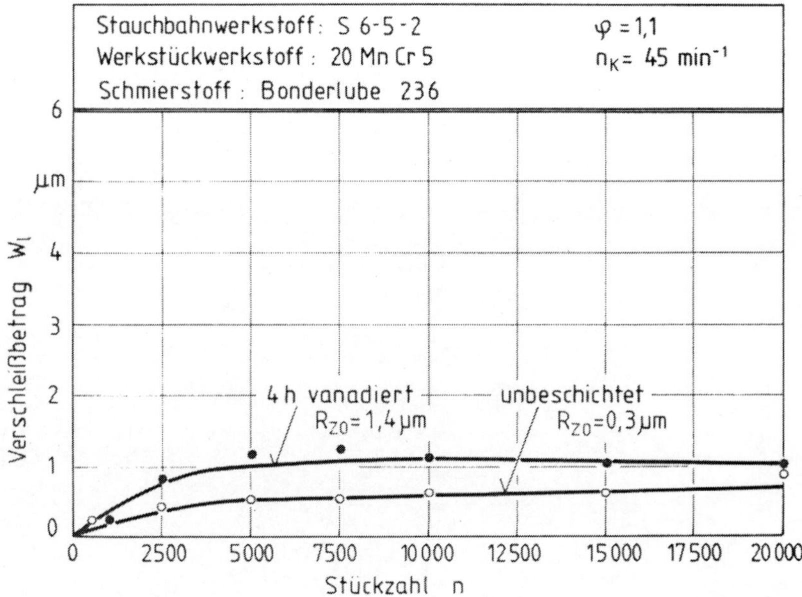

Bild 34: Verschleiß einer vanadierten Stauchbahn aus S 6-5-2.

Oberflächenmessungen:

Durch das Polieren nach der Beschichtung konnte die Oberflächenaufrauhung nicht mehr gemessen werden. Nach Kübert und Woska [54] ist für den Kaltarbeitsstahl mit einem fünf- bis sechsfachen Rauheitsanstieg durch diese Beschichtung zu rechnen.

6.1.4 Einfluß des Ionenimplantierens

Die Wirkung einer Implantation von Stickstoffionen in den Kaltarbeitsstahl ist in Bild 35 dargestellt. Die Verschleißwerte der ionenimplantierten Stauchbahnen liegen bei Stückzahlen über 5 000 etwa 20 bis 25 % unter denen der nicht implantierten. Bild 36 zeigt beispielhaft, wie exakt sich die Verschleißzone (heller Kreis) in der im Bild dunkler erscheinenden implantierten Fläche abzeichnet. Dieses Bild bestätigt auch, daß die Rohteile durch die Zuführeinrichtung sehr genau auf derselben Stelle abgelegt wurden.

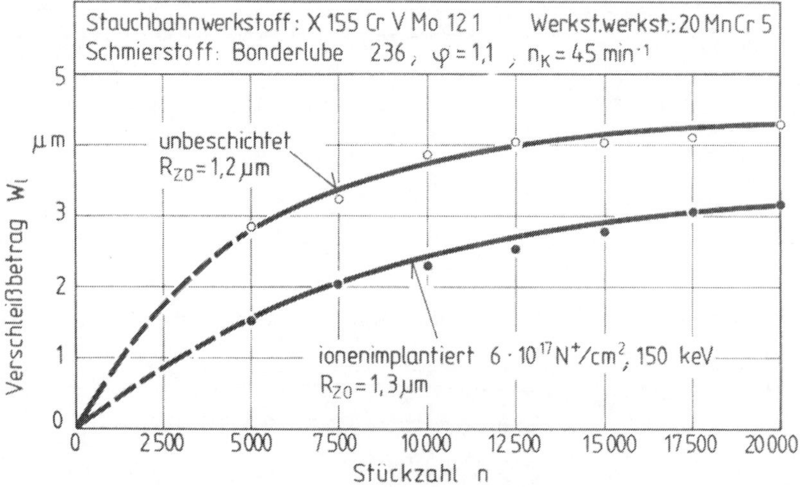

Bild 35: Verschleiß einer N^{+}-implantierten Stauchbahn aus X 155 CrVMo 12 1.

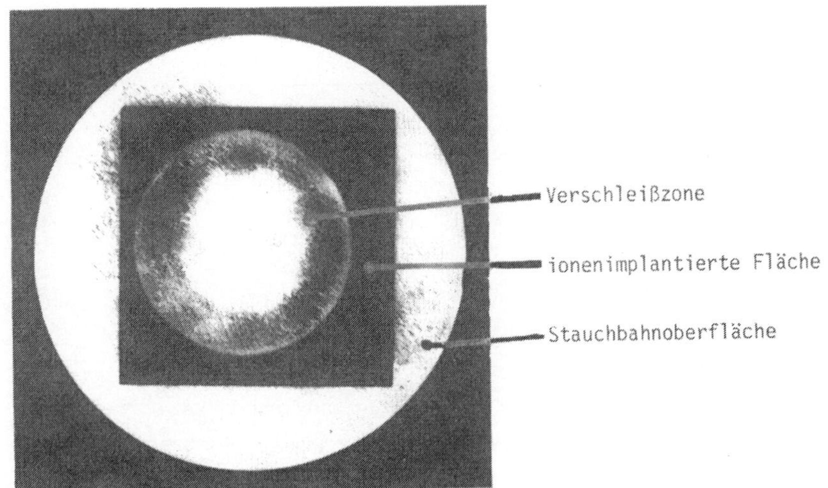

Bild 36: Verschleißzone auf der Oberfläche.

Welchen Einfluß eine Implantation mit Stickstoff auf den weicheren Warmarbeitsstahl X 40 CrMoV 5 1 hat, zeigt Bild 37 und Bild 38. Auch hier liegen die Verschleißbeträge der implantierten Stauchbahnen unter denen der nicht implantierten. Trotz der um etwa 20 % niedrigeren Härte gegenüber dem Kaltarbeitsstahl X 155 CrVMo 12 1 zeigt dieser Werkzeugstahl aber insgesamt geringere Verschleißwerte. Eine Ursache hierfür könnte, da ähnliche Carbidarten und -verteilung in diesen Stählen vorliegen, in der höheren Bruchzähigkeit des Warmarbeitsstahles (K_{IC} = 50 $MN/m^{3/2}$) gegenüber dem Kaltarbeitsstahl (K_{IC} = 27 $MN/m^{3/2}$) liegen [36, 37]. Wie aber auch die vorausgegangenen Versuche beim Stauchen schon gezeigt haben, reagiert dieses Umformverfahren infolge der relativ kleinen Verschleißbeträge nicht so exakt auf Parameteränderungen, so daß teilweise auch hierin der Grund für dieses Verhalten zu sehen ist.

Im Bild 38 ist nach 15 000 Teilen noch gezeigt, wie drastisch der Verschleiß innerhalb von 130 Teilen ansteigt, wenn die Rohteile ohne Schmierstoff eingesetzt werden. Ferner wurde bei diesen Teilen beobachtet, daß sie teilweise an der oberen Stauchbahn kleben bleiben und sich nicht wie bei den geschmierten Teilen selbständig lösen. Durch das Kleben der gestauchten Teile ist das Ausblasen mittels Preßluft nicht mehr möglich, und die Gefahr des Stauchens von zwei Teilen aufeinander wächst.

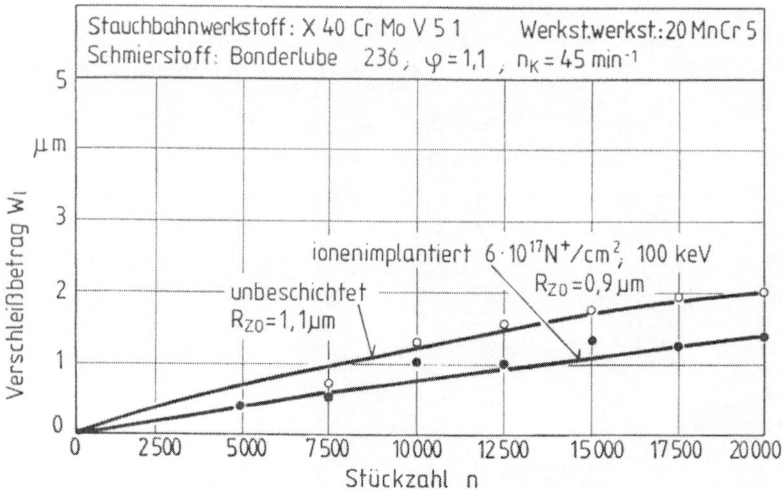

Bild 37: Verschleiß einer N^+-implantierten Stauchbahn aus X 40 CrMoV 5 1.

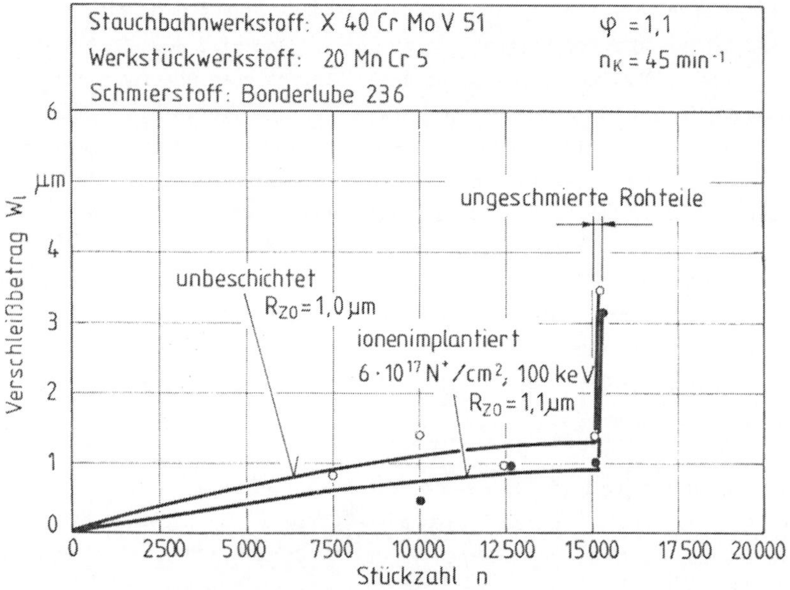

Bild 38: Verschleiß einer N^+-implantierten Stauchbahn aus X 40 CrVMo 5 1.

Bild 39 zeigt den Verschleißverlauf für eine Stauchbahn, bei der anstelle von Stickstoffionen mit Borionen implantiert wurde. Die implantierte Stauchbahn zeigt hier keine Verbesserung im Verschleißverhalten. Ein weiterer Versuch ergab ein ähnliches Ergebnis.

Daraus ist zu schließen, daß eine Implantation mit Borionen mit einer Dosis von $6 \cdot 10^{17}$ B^+/cm^2 anscheinend, wie diese Versuche gezeigt haben, nicht den Erfolg bringt wie eine Implantation mit der gleichen Dosis an Stickstoffionen.

Oberflächenmessungen:

Rauhtiefenmessungen der Stauchbahnen vor und nach der Implantation bestätigten, daß die Oberfläche beim Implantationsvorgang nicht aufrauht.

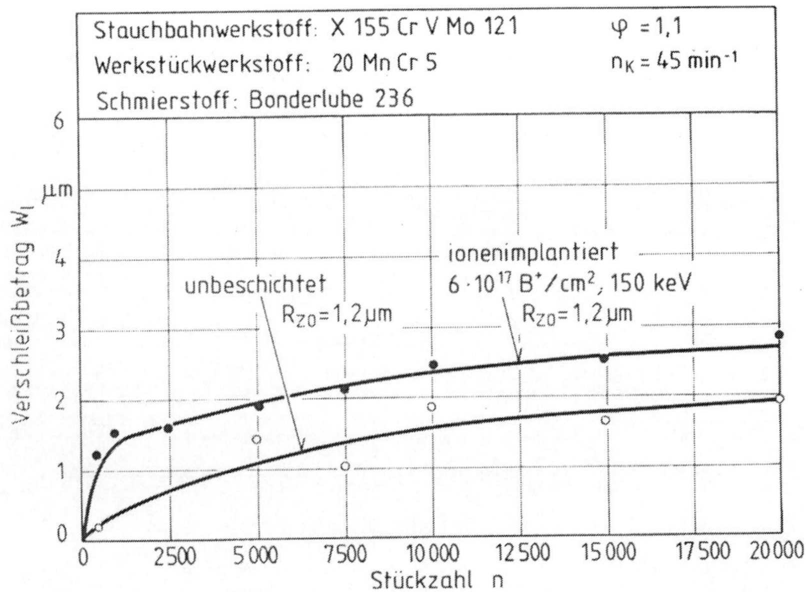

Bild 39: Verschleiß einer B^+-implantierten Stauchbahn aus X 155 CrVMo 12 1.

6.1.5 Einfluß des Hartverchromens

Der Einsatz von Hartchromschichten für die Massivumformung scheiterte, wie eine Anfrage in der Industrie ergab, bisher an der geringen Haftung der Schicht. Dies konnte bei den durchgeführten Versuchen nicht bestätigt werden. Die hartverchromten Stauchbahnen zeigten eine gute Verschleißreduzierung, vgl. Bild 40 und 41. Es kam in diesem Stückzahlbereich zu keinen Ausfällen infolge schlechter Haftung.

Wie der Vergleich der beiden Bilder zeigt, steigt auch hier die verschleißmindernde Wirkung mit zunehmender Schichtdicke.

Die von bisherigen Erfahrungen in der Industrie abweichenden Ergebnisse sind auf die in den letzten Jahren modifizierten Beschichtungsverfahren zurückzuführen, mit denen eine wesentlich bessere Schichtqualität erreicht wird.

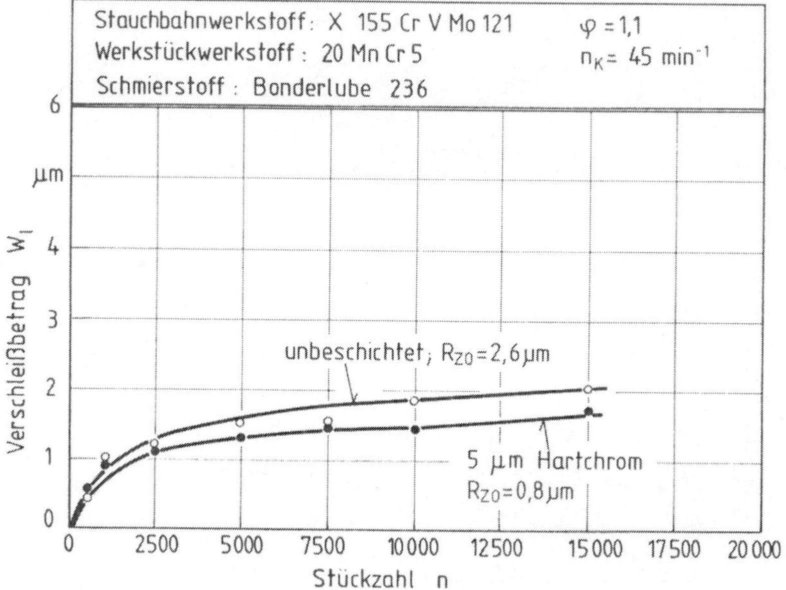

Bild 40: Verschleiß einer hartverchromten Stauchbahn aus X 155 CrVMo 12 1.

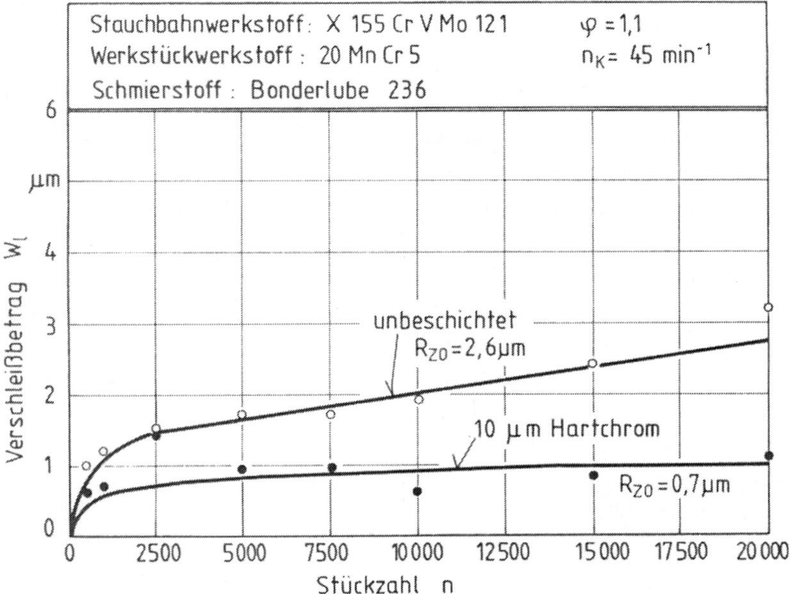

Bild 41: Verschleiß einer hartverchromten Stauchbahn aus X 155 CrVMo 12 1.

Oberflächenmessungen:

Durch die elektrolytische Hartverchromung wurde die Oberfläche der geschliffenen Stauchbahnen eingeebnet. Je nach Schichtdicke wurde der Faktor 0,7 bis 0,8 in Schleifrichtung und 0,75 bis 0,85 quer zur Schleifrichtung ermittelt. Dieser Effekt der Beschichtung kann in der Kaltmassivumfomung, wo es auf möglichst glatte Oberflächen ankommt, wirtschaftlich genutzt werden, da der Aufwand für eine Fertigbearbeitung des Werkzeuges reduziert wird.

6.1.6 Einfluß einer CVD-Beschichtung

Beschichtung mit Wolframcarbid

Bild 42 stellt beispielhaft den Verschleißverlauf für eine beschichtete und eine unbeschichtete Stauchbahn dar. Obwohl die Verschleißreduzierung durch die Wolframcarbidbeschichtung recht gut war, zeigten die eingesetzten Stauchbahnen, beginnend bei etwa 3000 Teilen, Schichtausbrüche, s. Bild 43. Da diese Ausbrüche als Versagensfall der Schicht zu werten sind, wurden die Stauchbahnen nach 5000 Teilen ausgebaut. Wie das Bild 43 zeigt, sind die Ausbrüche auf eine schlechte Haftung der Wolframcarbidschicht auf der galvanisch abgeschiedenen Nickelschicht zurückzuführen. Für eine Anwendung in der Kaltmassivumformung sind solche Schichten derzeit nicht zu empfehlen. Eventuell können bessere Ergebnisse in der Blechumformung erreicht werden, wenn die Belastungen weniger hoch sind und nicht so kurzzeitig aufgebracht werden.

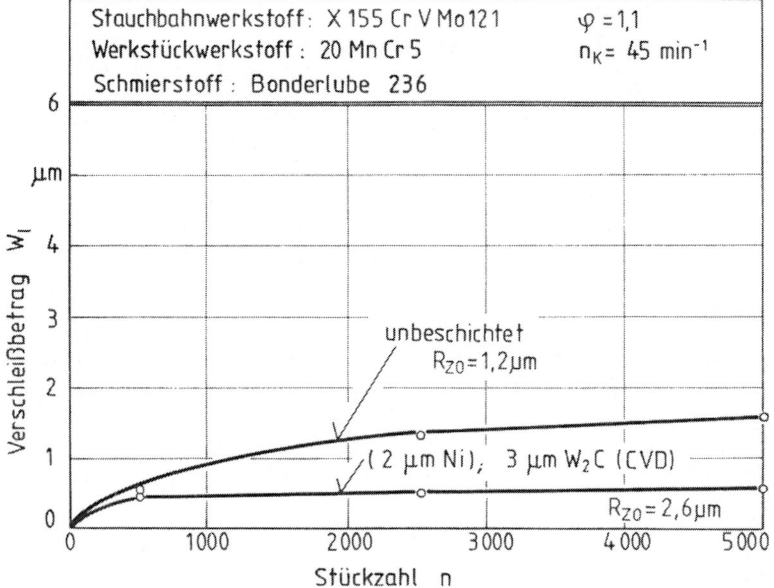

Bild 42: Verschleiß einer CVD-W_2C-beschichteten Stauchbahn aus X 155 CrVMo 12 1.

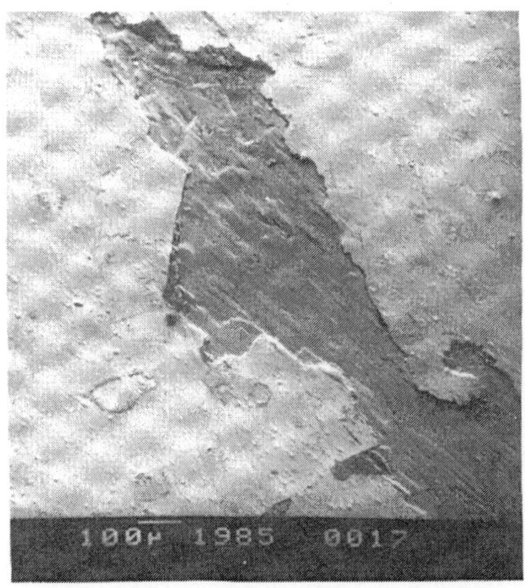

Bild 43: Ausbrüche in der Wolframcarbidschicht.

Beschichtung mit Titancarbid

Das Bild 44 gibt den Verschleißverlauf für TiC-beschichtete Stauchbahnen aus Kaltarbeitsstahl X 155 CrVMo 12 1 wieder. Die Verschleißkurve der beschichteten Stauchbahn zeigt nach einem Einlaufbereich ab etwa 2500 Teilen keinen Anstieg des Verschleißbetrages; dies läßt auf eine gute verschleißmindernde Wirkung schließen.

Ein ähnliches Ergebnis für höhere Stückzahlen zeigten weitere Versuche und die Beschichtung des Schnellarbeitsstahls S 6-5-2, wobei jedoch die Differenz, durch den im allgemeinen geringeren Verschleiß dieses Stahles, nicht mehr so groß ist, s. Bild 45.

Die Ergebnisse zeigen deutlich den Vorteil dieser äußerst harten Schicht für den Einsatz in der Kaltmassivumformung, vorausgesetzt, daß das Verzugsproblem und die Aufrauhung, evtl. durch Nachpolieren, beherrscht werden.

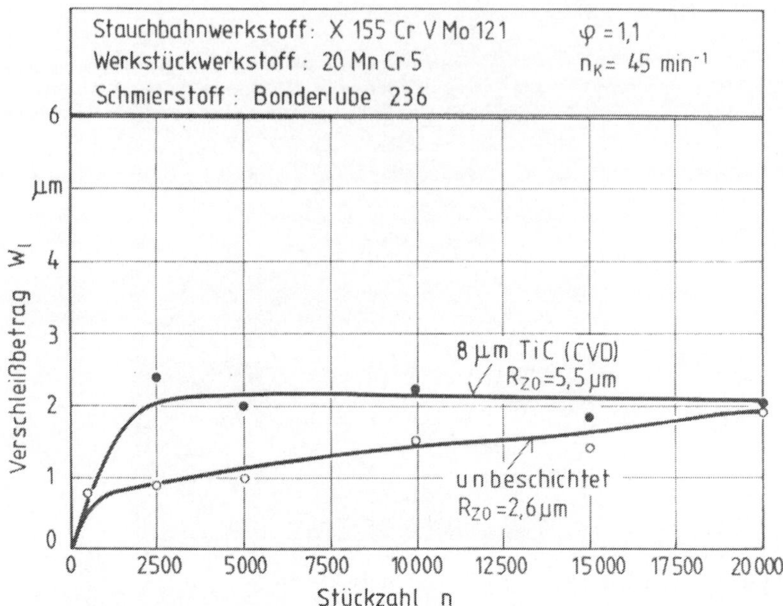

Bild 44: Verschleiß einer CVD-TiC-beschichteten Stauchbahn aus X 155 CrVMo 12 1.

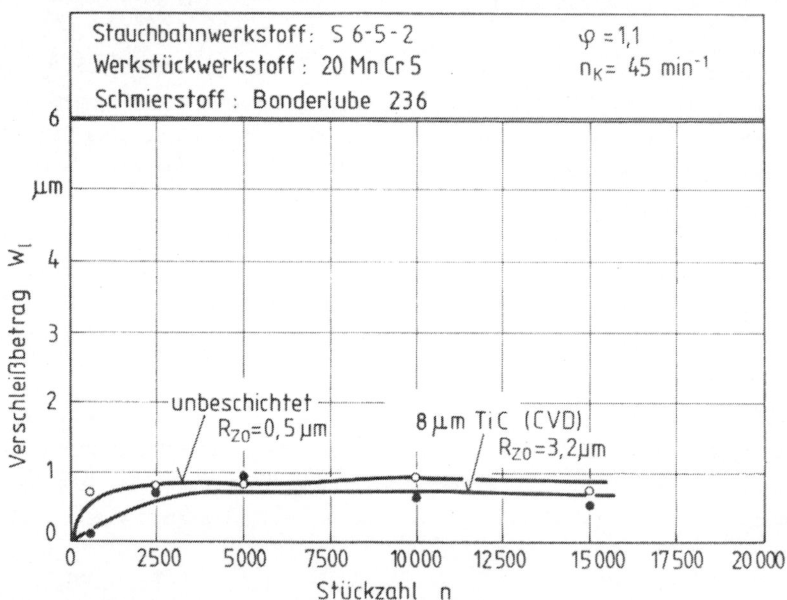

Bild 45: Verschleiß einer CVD-TiC-beschichteten Stauchbahn aus S 6-5-2.

Auch im Bild 46 ist zu erkennen, daß nach 20 000 Teilen die Schicht in den Rauheitstälern noch ihr ursprüngliches Aussehen hat (vgl. Bild 22).

Bild 46: Titancarbidschicht nach 20 000 Teilen.

Oberflächenmessungen:

Die Vergleichsmessung der Rauhtiefe der W_2C-beschichteten Stauchbahnen aus X 155 CrVMo 12 1 zeigte eine Aufrauhung von 2,85- bis 4,35fach in Schleifrichtung und 1,95- bis 2,10fach quer zur Schleifrichtung. Dies bedeutet, daß trotz der galvanischen Vernickelung, die wie das Hartverchromen eine Einglättung bringen müßte, durch die nachfolgende CVD-Beschichtung eine starke Aufrauhung stattfindet.

Obwohl die Behandlungstemperatur bei der TiC-Beschichtung wesentlich höher liegt, ist die Aufrauhung beim Kaltarbeitsstahl mit 2,4 bis 2,7fach in Schleifrichtung und 1,6- bis 1,9fach quer zur Schleifrichtung nicht so stark. Die Werte für den Schnellarbeitsstahl liegen ebenfalls in diesem Bereich.

Schmidt empfiehlt in [78], CVD-Schichten für Werkzeuge, bei denen es auf eine hohe Oberflächenqualität ankommt, mit feiner Diamantpaste nachzupolieren; dies kann aufgrund der Messungen bestätigt werden.

6.1.7 Einfluß einer PVD-Beschichtung

Bei den TiN-beschichteten Stauchbahnen erfolgte schon nach wenigen Teilen ein Abplatzen der Schicht an den hervorstehenden Rauheitsspitzen, s. Bild 47. Der weitere Einsatz einer Stauchbahn bis zur Stückzahl 5000 ergab infolgedessen keine verschleißhemmende Wirkung der TiN-Beschichtung, s. Bild 48. Eine Rücksprache beim Hersteller der Beschichtung ergab, daß der Beschichtungsablauf bei der Charge, in der die Stauchbahnen behandelt wurden, unterbrochen wurde. Daraufhin wurden die Stauchbahnen beim Beschichter erneut geschliffen und beschichtet. Ein Ritztest, den der Beschichter durchführte zeigte keine verminderte Haftung an. Trotzdem muß angenommen werden, daß die Schicht infolge der Unterbrechung nicht gut haftete. Negativ für die Schichthaftung wirkte sich auch die relativ rauhe Schleifoberfläche aus, die aber noch unter der vom Beschichter angegebenen Obergrenze für die Rauhtiefe lag.

Dieses Ergebnis zeigt, daß gerade bei PVD-Schichten ein erhöhter Aufwand bei der Vorbehandlung und der Beschichtung selbst getrieben werden muß, damit ein befriedigendes Ergebnis erzielt werden kann. Wie dieses Beispiel zeigt, lassen auch die Werte aus dem Ritztest keine zuverlässige Ausage in bezug auf die Haftung einer Schicht beim Einsatz in der Umformtechnik zu.

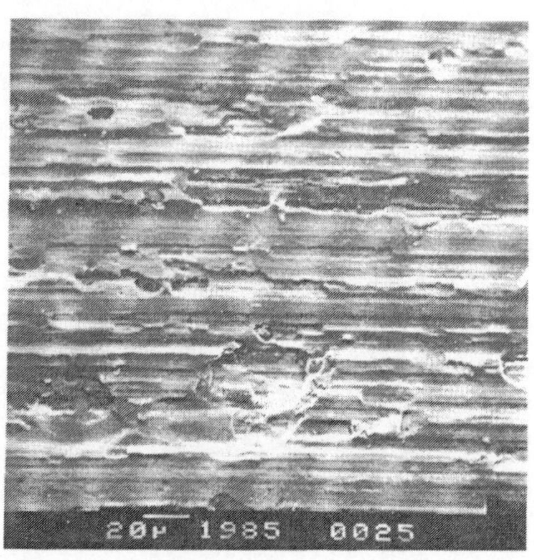

Bild 47: Teilweise abgeplatzte PVD-TiN-Schicht.

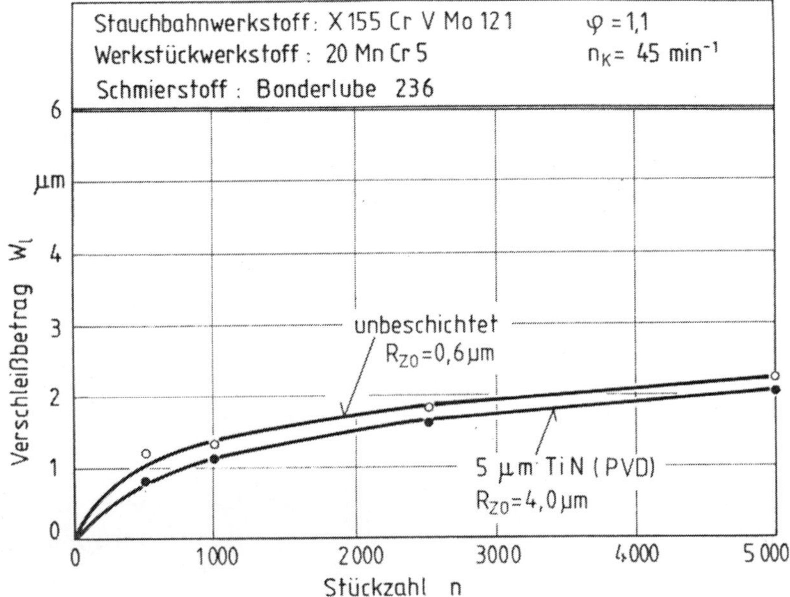

Bild 48: Verschleiß einer PVD-TiN-beschichteten Stauchbahn aus X 155 CrVMo 12 1.

Oberflächenmessungen:

Nach der Beschichtung konnte nicht mehr genau geklärt werden, welche Oberflächenwerte durch das Nachschleifen beim Beschichter erreicht wurden. Durch die Beschichtung erfolgte eine Aufrauhung zum Ausgangswert um den Faktor 1,0 bis 3,8 in Schleifrichtung und 1,25 bis 1,96 quer zur Schleifrichtung. Die hohen Werte dürften dabei auf die Zwischenbehandlung zurückzuführen sein.

6.1.8 Vergleich der Beschichtungen beim Stauchen

Ein Vergleich der verschiedenen Beschichtungen untereinander beim Stauchen ist aus den in Abscnitt 5.1.1 gemachten Bemerkungen problematisch. Das unterschiedliche Verhalten der Schichten während des Verschleißvorganges, besonders in der Einlaufphase, würde beim quantitativen Vergleich von Verschleißbeträgen zu einer Fehlinterpretation der Ergebnisse führen. Deshalb ist in Tabelle 2 eine Wertung der Eigenschaften der Schichten nach qualitativen Gesichtspunkten durchgeführt. In Kapitel 7 wird noch einmal auf die Wertung der Ergebnisse eingegangen.

Beschichtung	Oberfläche nach Beschichtung	Verschleiß-minderung	Schicht-haftung	Bemerkung
Nitrieren und Nitrocarburieren	-	+	o	VS platzt ab
Vanadieren	o	o	+	Schicht poliert, dadurch unsichere Messung
Ionenimplantieren	++	+ (o)	++	B^+ - impl. → kein Erfolg
Hartverchromen	++	++	++	
C V D - W_2 C	-	+	-	Schicht abgeplatzt
C V D - T i C	-	++	++	
P V D - T i N	o	o	-	Schicht abgeplatzt infolge Unterbrechung der Beschichtung

++ sehr gut, sehr groß
+ gut
o mittel od. nicht feststellbar
- schlecht

Tabelle 2: Vergleich der Beschichtungen beim Stauchen.

6.2 NAPF-RÜCKWÄRTS-FLIEßPRESSEN

6.2.1 Versuche mit unbeschichteten Stempeln

Die Ergebnisse der Versuche mit unbeschichteten Stempeln wurden von Nehl [34] übernommen, der unter denselben Versuchsbedingungen verschiedene Verschleiß-Meßverfahren testete. Die Standardversuche, die dieser Arbeit zugrunde liegen, wurden mit dem Werkzeugwerkstoff S 6-5-2, dem Seifenschmierstoff Bonderlube 236 bei einer Hubzahl von 40 min^{-1} und einem Verhältnis Napftiefe h_i/Napfinnendurchmesser d_i = 1,0 durchgeführt. Ausgehend von den Standardversuchen wurden die Beschichtungen und andere Parameter verändert.

Die Napftiefe spielt bei den Versuchen eine entscheidende Rolle, da sie einerseits den Verschleißweg festlegt, andererseits bei einem Verhältnis $h_i/d_i > 1{,}0$ der Schmierfilm abreißt, und es zu Festkörperkontakt kommt. Näheres hierzu s. Abschn. 5.2.3.

Die Versuche von Nehl bei den erwähnten Bedingungen ergaben für 10 000 gefertigte Näpfe einen Verschleißbetrag, der zwischen 15 und 17 µm streute. Der Verschleißbetrag ist hier wie auch bei den folgenden Ergebnissen auf den Durchmesser und nicht auf den Radius bezogen.

Oberflächenmessung:

Die von Nehl in den ersten gepreßten Näpfen gemessene Rauhtiefe R_Z = 5 µm in Umfangsrichtung veränderte sich über einen Stückzahlbereich von 15 000 Näpfen beim Werkstückwerkstoff 20 MnCr 5 nur unwesentlich. Allerdings wichen die Werte in den einzelnen Näpfen um etwa ± 2,5 µm von diesem Mittelwert ab. Die Rauhtiefe des Stempelfließbundes veränderte sich von R_Z = 0,7 µm bei Versuchsbeginn zum Ende hin auf etwa R_Z = 6 µm, s. Bild 49. Durch den großen Streubereich der Rauhtiefe in den Näpfen kann hier über die Abbildegenauigkeit Werkzeug/Werkstück keine Aussage gemacht werden.

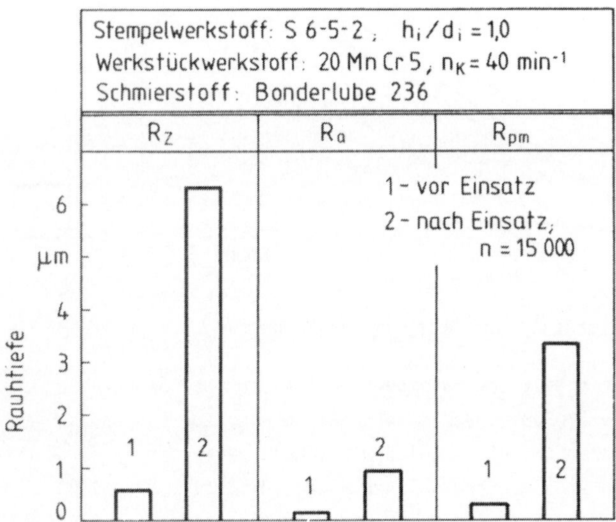

Bild 49: Änderung der Oberflächenrauheit eines unbeschichteten Stempels nach [34].

6.2.2 Einfluß des Nitrierens und Nitrocarburierens

Bei allen nitrierten und nitrocarburierten Stempeln wurde die spröde Verbindungsschicht vor dem Versuch abpoliert, da diese sonst, wie Versuche zeigten, bei den ersten Hüben abplatzt.

Gas-Nitrieren:

Bild 50 zeigt, wie durch eine Gas-Nitrierung mit einer Dauer von 40 h eine gute verschleißmindernde Wirkung erreicht wurde.

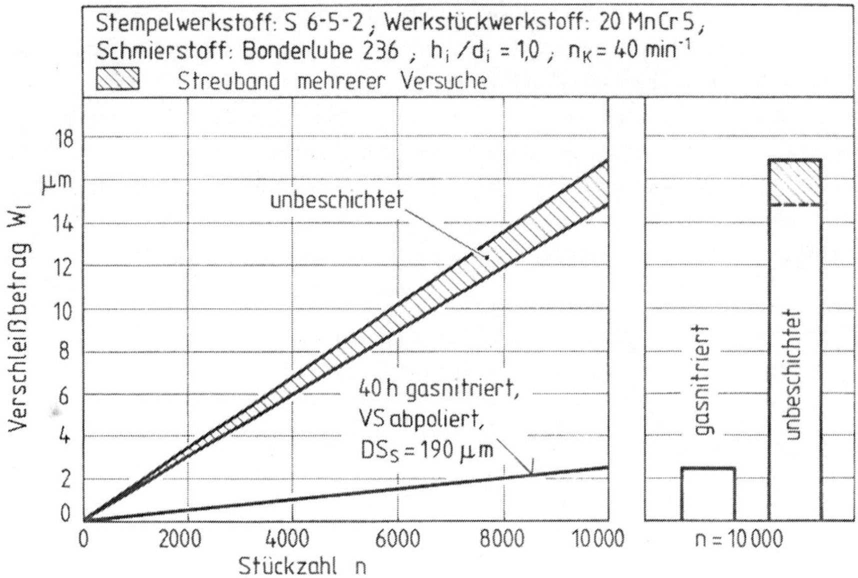

Bild 50: Verschleiß eines gasnitrierten Stempels.

Bei allen eingesetzten Stempeln traten aber bei Stückzahlen zwischen n = 1 200 und n = 12 500 rundumlaufende Risse quer zur Längsachse im Schaftbereich der Stempel auf. Bei dem Stempel, der bis n = 12 500 einsatzfähig war, bildeten sich mehrere solcher Risse (Bild 51); dies läßt vermuten, daß das Auftreten eines Risses noch nicht zum sofortigen Totalausfall des Stempels durch Bruch führt. Die Untersuchung der Risse unter dem Mikroskop (Bild 52) zeigte, daß die Risse durch die Diffusionsschicht hindurch nur noch kurz in den Grundwerkstoff eindringen und durch den dort vorliegenden

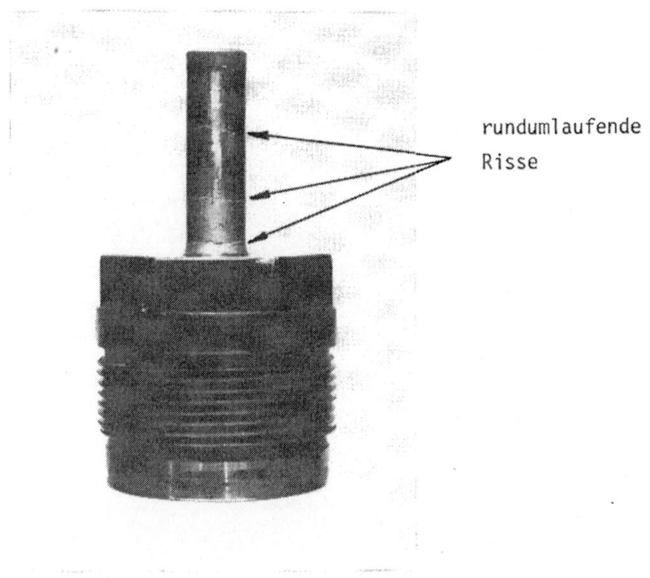

Bild 51: Risse im Schaftbereich eines gasnitrierten Stempels.

Bild 52: Rißverlauf im Schliff.

zäheren Grundwerkstoff aufgefangen werden. Die Ursache für die Entstehung dieser Risse ist wahrscheinlich das unterschiedliche Verhalten der Diffusionsschicht und des Grundwerkstoffes bei der hauptsächlich wirkenden Druck-Schwell-Beanspruchung. Bei größeren Stempeln mit etwa gleicher Schichtdicke kann vermutlich die Rißentstehung durch die höhere relative Stützwirkung des Grundwerkstoffs in Richtung höherer Standzeiten positiv beeinflußt werden. Auch eine Abdeckung des Schaftbereichs bei der Nitrierbehandlung, z. B. durch eine galvanisch aufgebrachte Schicht, könnte hier vorteilhaft sein. Allerdings sind damit wieder höhere Kosten verbunden. Der Riß selbst dürfte über eine größere Stückzahl mehrmals wachsen und durch den zähen Grundwerkstoff aufgefangen werden, aber schließlich doch durch seine Kerbwirkung zum Bruch des Stempels führen.

Gas-Nitrocarburieren

Die nach dem Nitroc-Verfahren 60 Minuten nitrocarburierten Stempel zeigten nach 10 000 Näpfen einen geringeren Verschleißbetrag als die unbeschichteten, s. Bild 53. Allerdings trat bei einem dieser Stempel nach 24 000 Näp-

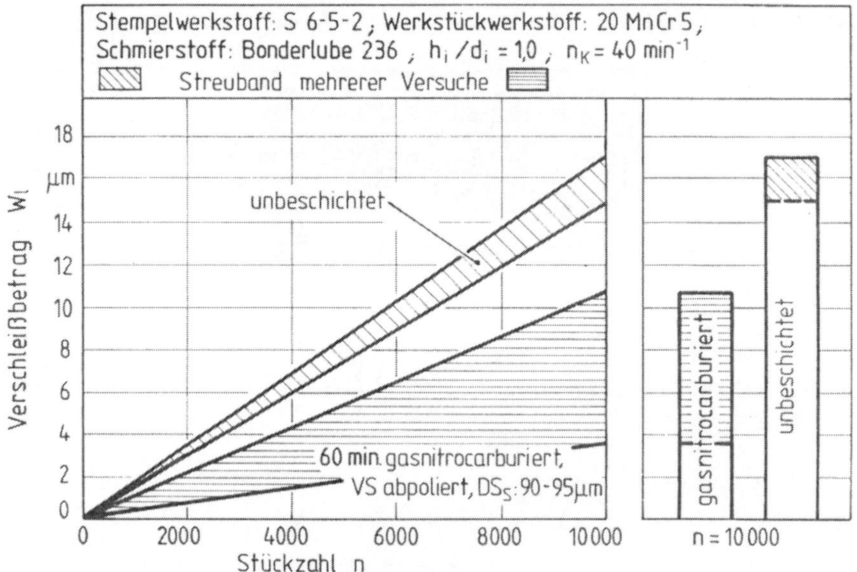

Bild 53: Verschleiß gasnitrocarburierter Stempel.

fen ein Riß kurz oberhalb des Fließbundes im Schaftbereich auf. Hierfür dürften die gleichen Ursache vorliegen, wie bei den Rissen der nitrierten Stempel. Die große Streubreite nitrierter Werkzeuge beobachtete auch Liedtke [93] beim Leistungsvergleich von Gewindebohrern. Zum Teil werden diese Schwankungen sicherlich durch den Beschichtungsprozeß hervorgerufen, d. h. z. B. durch unterschiedliche Lage in der Beschichtungskammer etc..

Die Messung nach dem DDV zeigt deutlich die Abhängigkeit des Verschleißes von der Parameterwahl, s. Bild 54. Wichtig bei diesem Meßverfahren ist die Prüfung, ob die Versuchsbedingungen während des gesamten Versuches konstant waren. Dazu wird die erste Parametereinstellung immer am Ende des Versuches wiederholt und der Verschleißbetrag verglichen. Bei allen Versuchen mit dem DDV ergab sich eine gute Übereinstimmung. Dies bestätigt auch, daß der Verschleißverlauf in diesem Bereich linear war. Bild 55 zeigt die gute Übereinstimmung zwischen konventioneller Messung und dem DDV. Die Differenz im ersten Versuchsabschnitt ist auf das Aufstauchen und die Temperaturerhöhung des Stempels bei Versuchsbeginn zurückzuführen; dadurch wird der Napfinnendurchmesser zunächst größer und kompensiert einen Teil des tatsächlich auftretenden Verschleißes. Beim DDV wird die Messung durch derartige Vorgänge nicht beeinflußt.

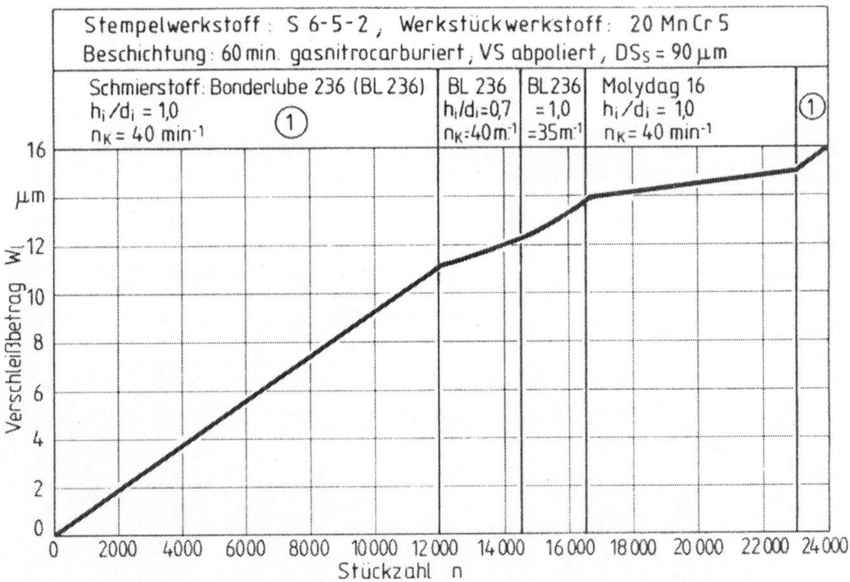

Bild 54: Verschleißmessung nach dem DDV bei einem gasnitrocarburierten Stempel.

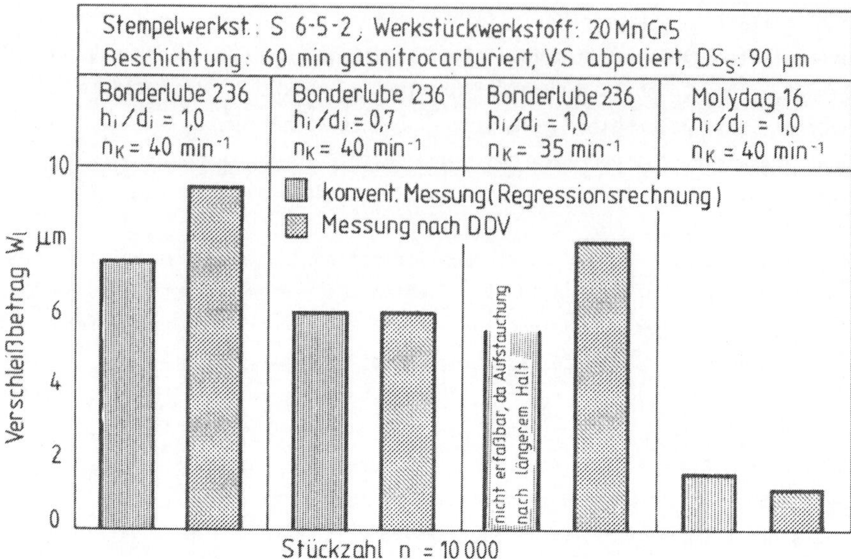

Bild 55: Vergleich Geometriemessung - DDV bei einem gasnitrocarburierten Stempel.

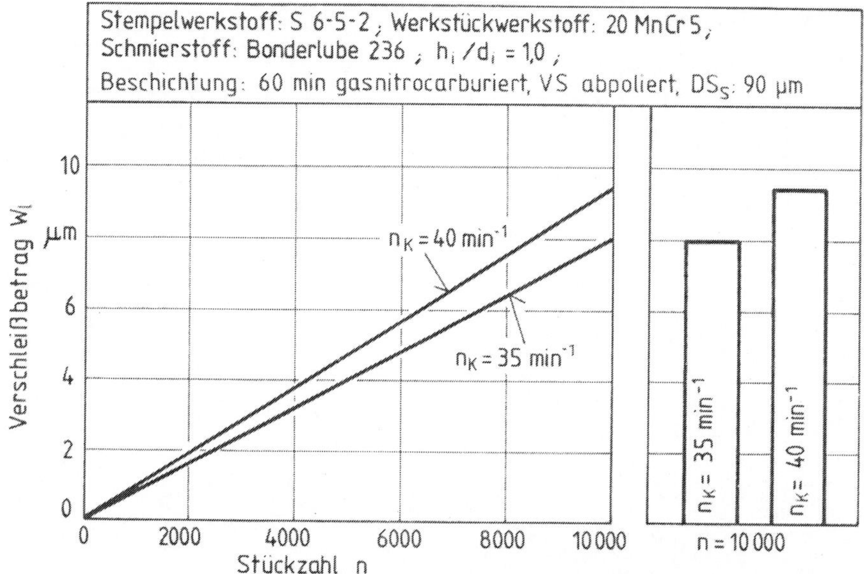

Bild 56: Einfluß der Hubzahl bei einem gasnitrocarburieten Stempel.

Bild 56 zeigt den Einfluß einer Hubzahländerung. Wenn die Hubzahl von 40 min^{-1} auf 35 min^{-1} - d. h. um etwa 12 % - vermindert wird, geht der Verschleiß ebenfalls um etwa 12 % zurück. Dies ist auf eine geringere Temperaturbelastung des Werkzeuges und damit auch eine bessere Schmierwirkung der Seife zurückzuführen; die Reibungszahl von Seifen fällt bis ca. 150 °C und steigt bei höheren Temperaturen wieder an [94].

Bild 57 zeigt die Wirkung eines Schmierstoffwechsels. Der lamellar aufgebaute Schmierstoff Molydag 16 verringert den Verschleiß bei den eingestellten Versuchsparametern etwa um den Faktor 5. Allerdings ist er, wie im Abschnitt 5.7 erläutert, teurer und nicht so einfach vom gepreßten Teil entfernbar.

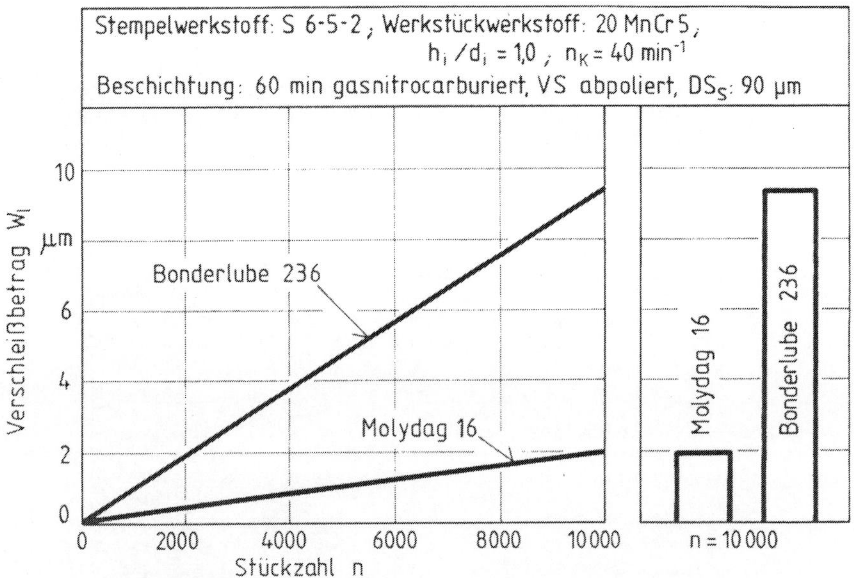

Bild 57: Einfluß des Schmierstoffs bei einem gasnitrocarburieten Stempel.

Eine Reduktion der Napftiefe um 30 % ergibt einen um etwa 40 % geringeren Verschleiß, s. Bild 58. Dies ist auf den kleineren Verschleißweg und dadurch auch niedrigere Temperaturen am Fließbund zurückzuführen.

Bild 59 zeigt einen Fließbund nach 24 000 Näpfen. Es sind verbreitet adhäsive Verschweißungen und abrasiver Furchungsverschleiß zu erkennen.

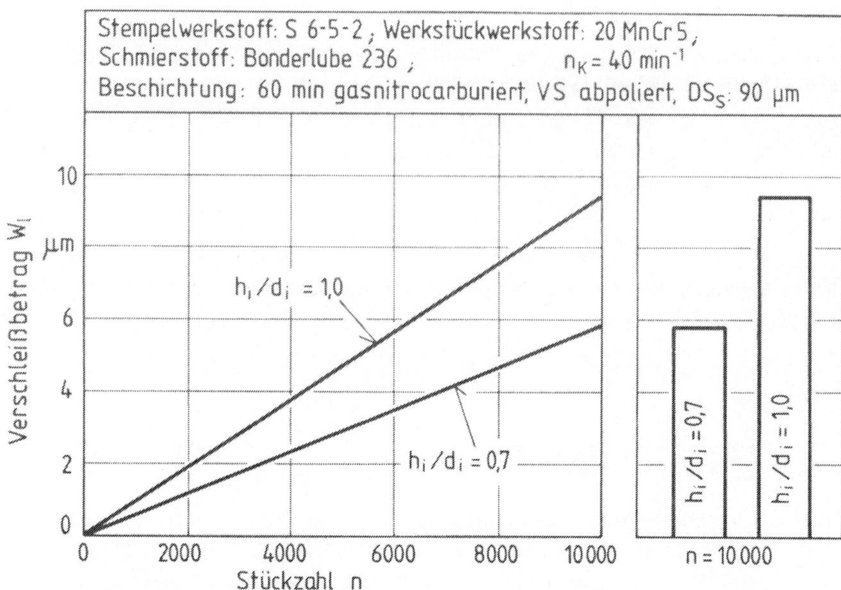

Bild 58: Einfluß der Napftiefe bei einem gasnitrocarburierten Stempel.

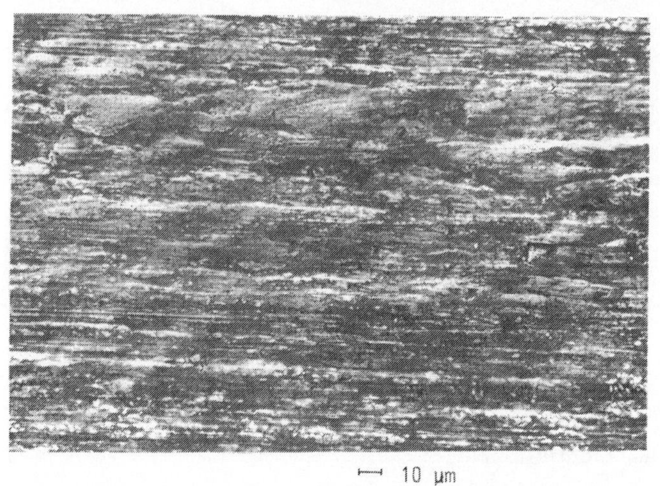

Bild 59: REM-Aufnahme des Fließbundes eines gasnitrocarburierten Stempels nach 24 000 Näpfen.

Plasma-Nitrieren

Bild 60 zeigt, daß durch das Plasma-Nitrieren der Stempel keine Verminderung des Verschleißbetrages erreicht wird. Im Gegenteil: durch Ausbrechen der versprödeten Oberflächenschichten liegt der Verschleißbetrag noch über dem der unbeschichteten Stempel. Im Vergleich zu den nach anderen Verfahren nitrierten Stempeln scheint hier kein für eine verschleißmindernde Wirkung notwendiger Stickstoffgehalt in ausreichender Tiefe von der Oberfläche vorzuliegen. Auch die im angeätzten Schliff sichtbare Diffusionszone beträgt nur 50 μm.

In Bild 61 ist der starke Furchungsverschleiß dieses Stempels sichtbar.

Durch eine längere Behandlungszeit könnten vielleicht bessere Erfolge erzielt werden, vgl. Bild 31. Der Vorteil des Verfahrens liegt sicherlich in der Unterdrückung der spröden Verbindungsschicht, was auch in diesen Versuchen bestätigt werden konnte, da kein Abplatzen erfolgte.

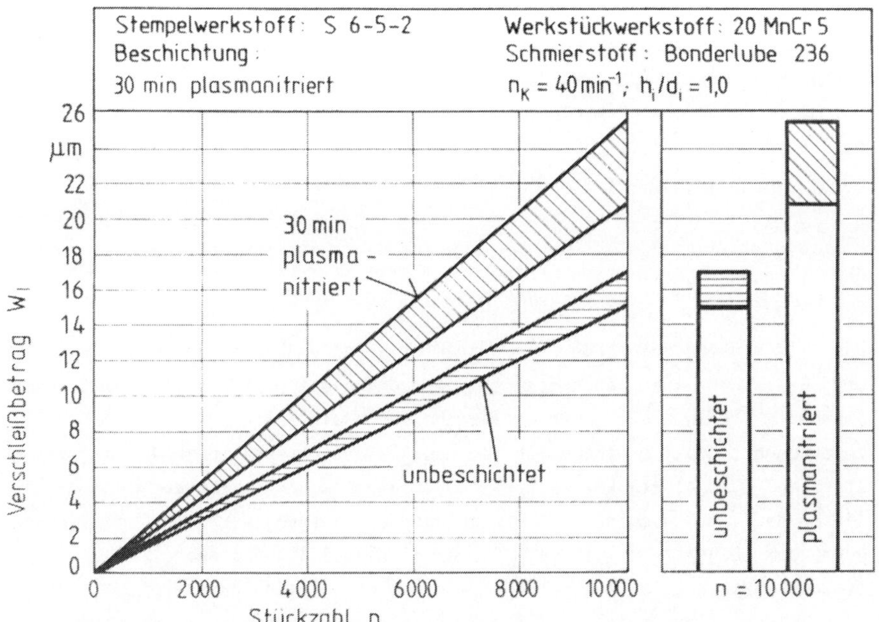

Bild 60: Verschleiß plasmanitrierter Stempel.

Bild 61: REM-Aufnahme eines Fließbundes nach 10 000 Näpfen.

Bei diesen Versuchen wurden auch Rohteile eingesetzt, die abweichend vom Stempelkopfwinkel (2α = 166°) einen Zentrierwinkel von 2α= 172° hatten (normaler Zentrierwinkel ebenfalls 166°). Trotz der Messung nach dem DDV, das sehr empfindlich auf eine Änderung eines Parameters reagiert, wurde keine Abweichung in der Verschleißrate festgestellt.

Oberflächenmessung:

Die Bilder 62 und 63 zeigen die charakteristischen Rauhtiefenwerte R_z, R_a und R_{pm} für einen 40 h gasnitrierten und einen 60 min nitrocarburierten Stempel. Die Aufrauhung der Oberfläche durch die Beschichtung ist deutlich zu erkennen; dabei erhöhen sich die Rauhtiefenwerte bei dem 40 h gasnitrierten Stempel stärker. Diese Oberflächenrauheit wurde durch das Abpolieren der Verbindungsschicht wieder auf den Ausgangswert zurückgebracht. Nach dem Einsatz zeigt der 40 h gasnitrierte Stempel nach 12 500 Teilen schon eine wesentlich höhere Rauhtiefe als der 60 min gasnitrocarburierte. Dies wirkt sich auch auf die Rauhtiefe der Näpfe aus, s. Bild 64. Die Rauhtiefe der mit dem 40 h gasnitrierten Stempel gepreßten Näpfe vergrößert sich von den ersten Näpfen bis zur Stückzahl n = 12 500 etwa um den Faktor 5.

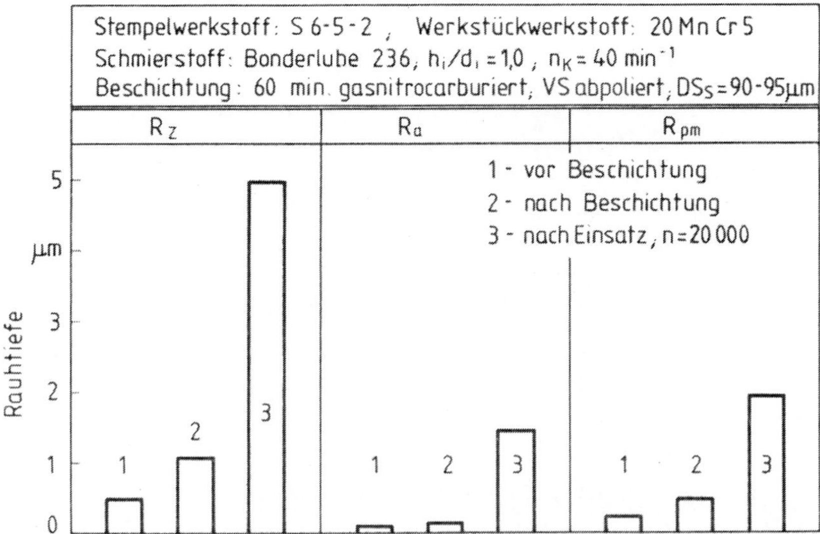

Bild 62: Änderung der Oberflächenrauheit eines gasnitrierten Stempels.

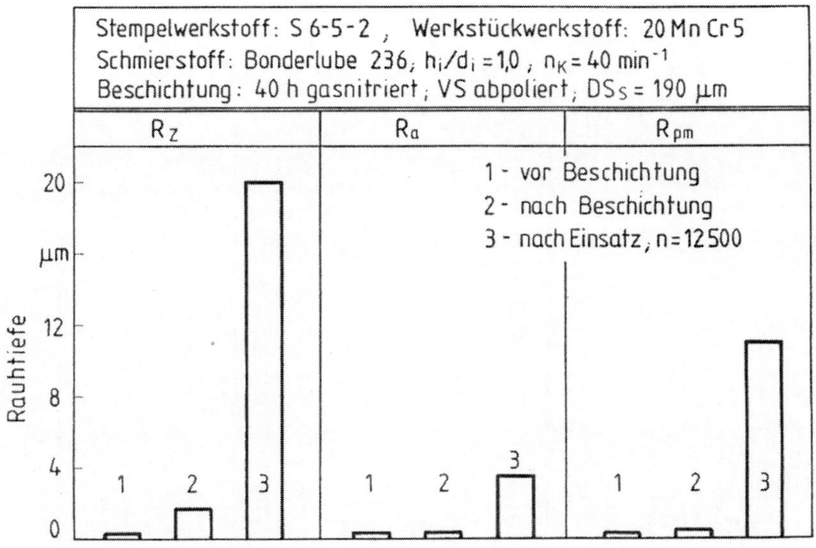

Bild 63: Änderung der Oberflächenrauheit eines gasnitrocarburierten Stempels.

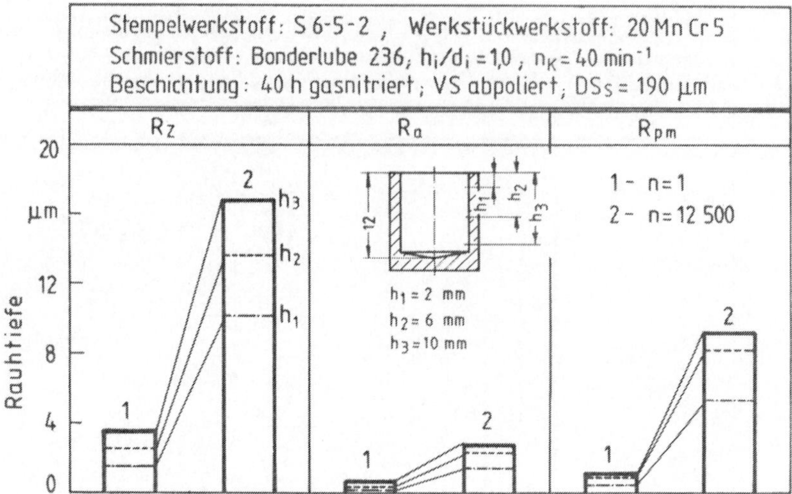

Bild 64: Änderung der Oberflächenrauheit in den mit einem gasnitrierten Stempel gefertigten Näpfen.

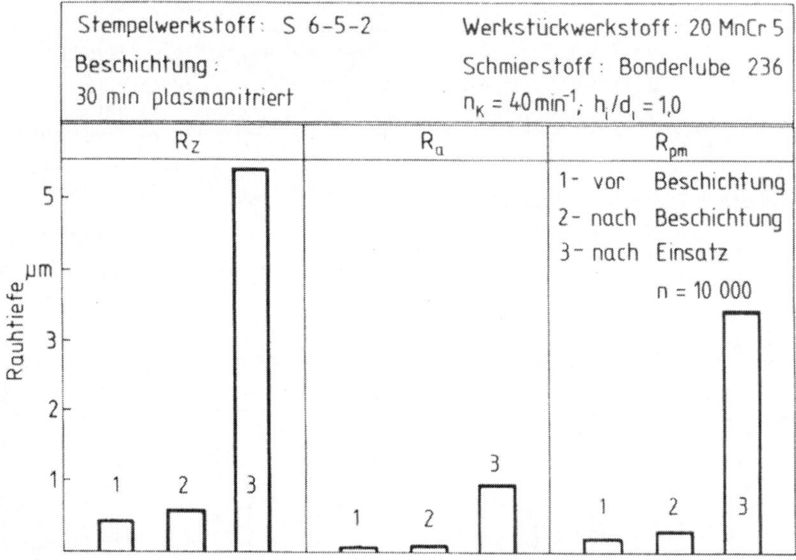

Bild 65: Änderung der Oberflächenrauheit eines plasmanitrierten Stempels.

Die Rauhtiefe der Stempel, die durch das Plasma-Nitrieren kaum erhöht wurde, zeigte nach dem Versuch Werte, die etwa 8 mal so groß waren wie im Ausgangszustand, s. Bild 65. Auch diese Messung weist auf einen relativ großen Verschleiß am Fließbund hin.

6.2.3 Einfluß des Vanadierens

Die nach dem TD-Verfahren vanadierten Stempel zeigten einen stark herabgesetzten Verschleißbetrag, s. Bild 66. Wegen der Schwierigkeiten beim Einhalten der geforderten Genauigkeit bei den Kalbrierstiften, mit denen der Aktivitätsverlauf in einer Schicht bestimmt wird (vgl. Abschnitt 4.5.2), wurde auf eine Messung nach dem DDV verzichtet. Diese Stempel stauchten sich relativ stark auf. Dies wird wahrscheinlich durch das Nachhärten verursacht, welches bei den anderen Werkzeugen nicht notwendig war. Darauf zurückzuführen ist die große Streuung der Verschleißwerte im Vergleich der getesteten Stempel untereinander. Bei allen vanadierten Stempel war nach dem Versuch noch keine sichtbare Riefenbildung zu beobachten. Dies bestätigt auch die REM-Aufnahme, s. Bild 67.

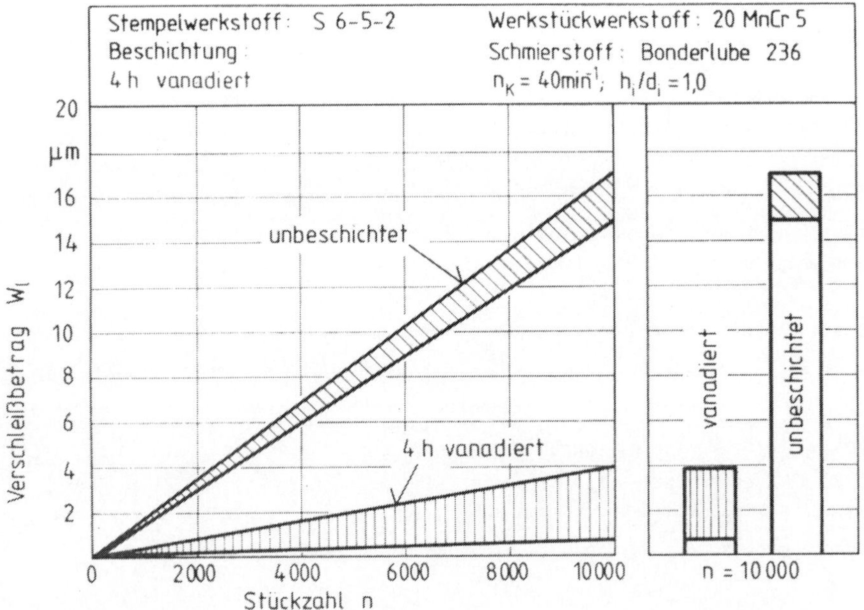

Bild 66: Verschleiß vanadierter Stempel.

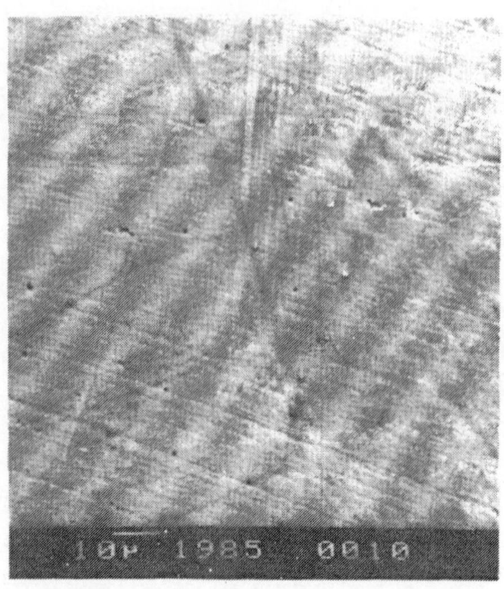

Bild 67: Fließbundoberfläche eines vanadierten Stempels nach 20 000 Näpfen.

Da vanadierte Stempel einen hohen Widerstand gegen "Anfressen" haben sollen [56], wurden auch Rohteile eingesetzt, bei denen an der Stirnfläche durch spanende Bearbeitung die Phosphatschicht und der Schmierstoff entfernt worden waren. Im Dauerhub (40 Hübe/min) kam es nach etwa 100 Näpfen mit einem Verhältnis h_i/d_i = 1,0 zu ersten Aufschweißungen am Fließbund, s. Bild 68. Einzelne Näpfe konnten ohne Schmierung bis zum Verhältnis h_i/d_i = 2,0 gepreßt werden, ohne daß es zu Werkstoffübertrag infolge Adhäsion kam. Diese Ergebnisse lassen erwarten, daß auch bei mangelhafter Schmierung und schwierigen Umformungen mit dieser Beschichtung gute Erfolge erzielt werden können.

Diese Ergebnisse decken sich auch mit den Erfahrungen von Habig in [7], der eine verringerte Adhäsionsneigung von Vanadiumcarbidschichten ermittelte.

Des weiteren weisen die ohne Schmierstoff gefertigten Näpfe eine metallisch blanke Innenfläche auf, da kein Schmierstoff in die Napfwände gedrückt wird. Für Spezialteile, bei denen eine solche Oberfläche gefordert wird, könnte eine solche Werkzeugbeschichtung vorteilhaft sein.

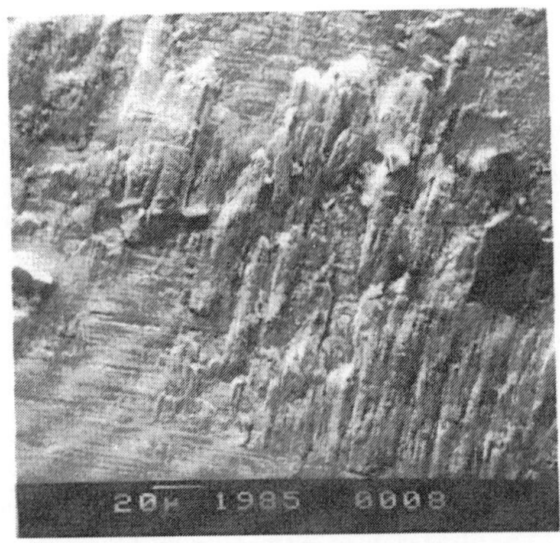

Bild 68: Aufschweißungen beim Pressen ohne Schmierstoff mit einem vanadierten Stempel.

Oberflächenmessung:

Die vanadierten Stempel haben auch nach 20 000 Teilen noch eine gute Oberflächenqualität, s. Bild 69. Dies bestätigt den guten Verschleißwiderstand der Schicht. Die Werte in den Näpfen liegen nur geringfügig über denen der Stempel.

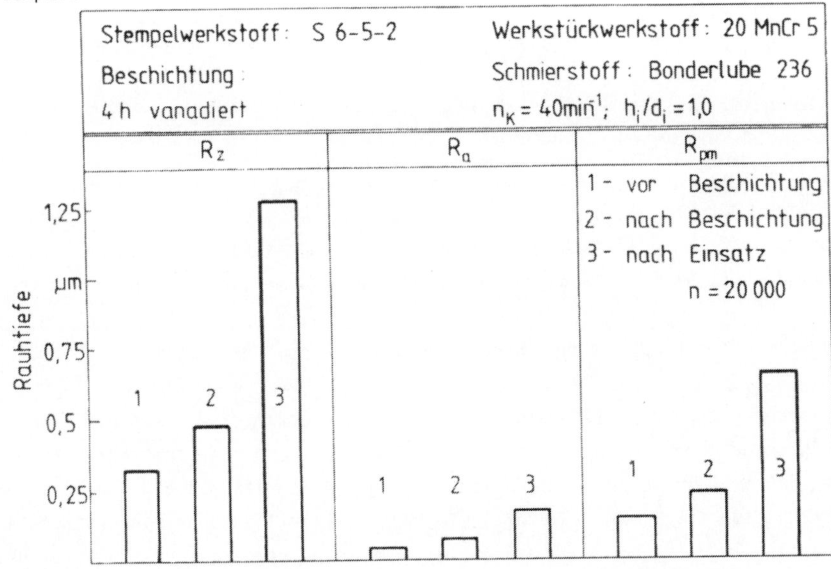

Bild 69: Änderung der Oberflächenrauheit eines vanadierten Stempels.

6.2.4 Einfluß des Ionenimplantierens

Die ersten Versuche mit ionenimplantierten Stempeln ($h_i/d_i > 1,2$) zeigten gegenüber einem unbeschichteten Stempel ($h_i/d_i = 1,5$) trotz etwas geringerer Napftiefe keine verschleißmindernde Wirkung, s. Bild 70. Wie sich bei weiteren Versuchen herausstellte, wurde bei diesen Versuchen aber mit einer Napftiefe gearbeitet, bei der der verwendete Seifenschmierfilm riß und es zu verstärktem Metallkontakt zwischen Werkzeug und Werkstück kam. Ursache

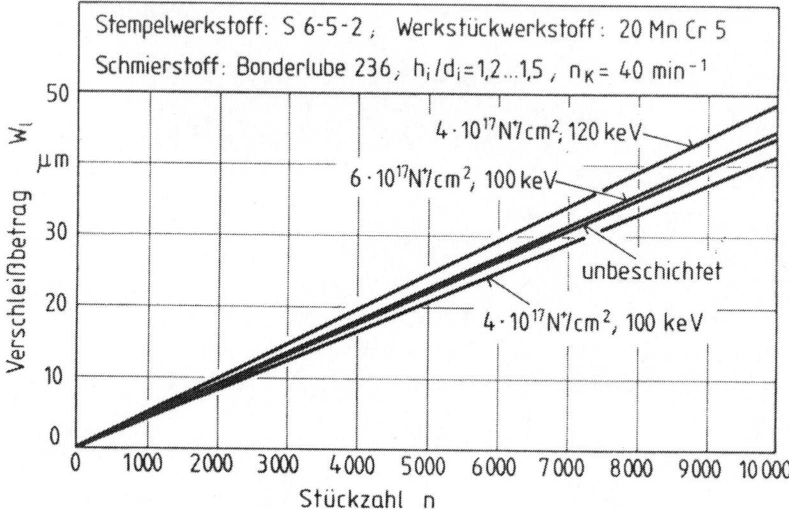

Bild 70: Verschleiß N^+-implantierter Stempel; $h_i/d_i > 1,2$.

hierfür dürfte unter anderem die schlechte Wärmeabfuhr in dem schlanken und relativ langen Stempel sein; hierdurch erwärmt sich der Stempelfließbund soweit, daß der Seifenschmierstoff an der Kontaktfläche instabil wird. Stabile Verhältnisse liegen beim Verhältnis $h_i/d_i \leq 1,0$ vor, vgl. auch Bild 58. Bild 71 zeigt den krassen Anstieg des Verschleißes bei Erhöhung des Verhältnisses h_i/d_i in den instabilen Bereich des Schmierstoffs.

Versuche mit $h_i/d_i = 1,0$ zeigten dann auch die erwartete verschleißmindernde Wirkung einer Ionenimplantation, s. Bild 72. Auch hier tritt das Phänomen der triboinduzierten Diffusion auf, vgl. Abschnitt 5.5.1.3. Obwohl der Verschleißbetrag mit 11 µm /10 000 Näpfen wesentlich über der ursprünglichen Schichtdicke von etwa 0,2 µm lag, war keine progressive Zunahme des

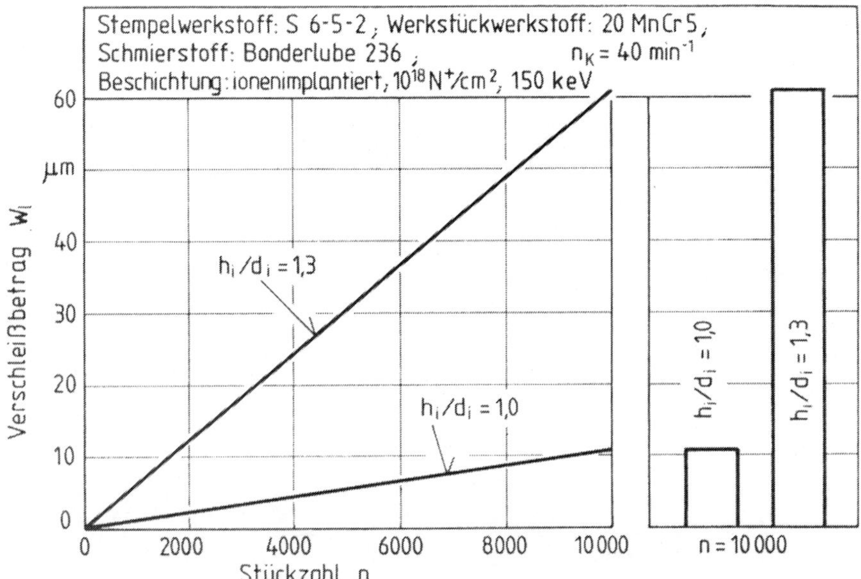

Bild 71: Einfluß der Napftiefe bei einem ionenimplantierten Stempel.

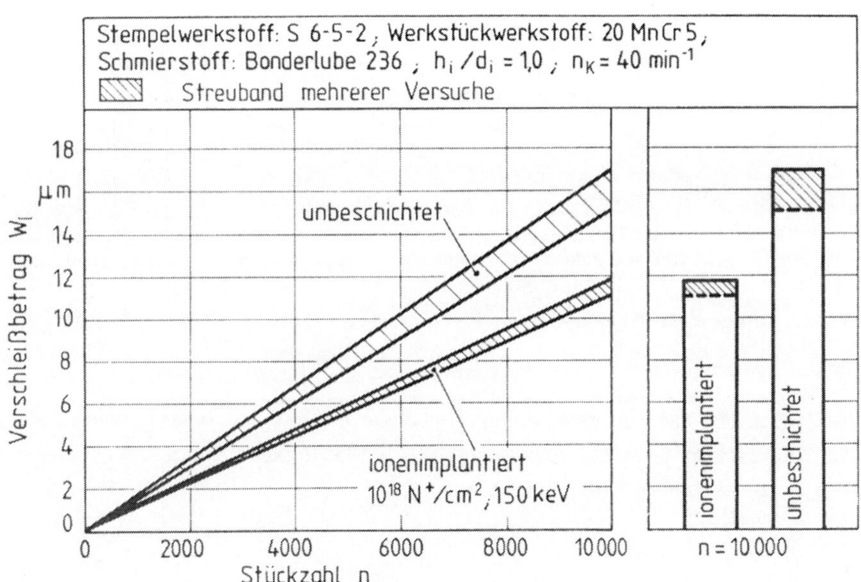

Bild 72: Verschleiß N^+-implantierter Stempel; h_i/d_i = 1,0.

Verschleißverlaufs festzustellen. Teilweise liegt dies sicherlich aber auch an der Meßungenauigkeit.

Bild 73 zeigt den Vergleich mit nitrocarburierten Stempeln. Der Verschleiß der ionenimplantierten Stempel liegt nur geringfügig über der oberen Grenze des Streubandes der nitrocarburierten. Im Gegensatz zu den nitrocarburierten Stempeln kam es aber bei keinem der ionenimplantierten Stempeln zu Rißerscheinungen, obwohl in beiden Fällen Stickstoff als Legierungselement in der Oberfläche vorliegt. Der Grund hierfür ist die relativ dünne Schicht, die gegenüber dem Restquerschnitt kaum innere Belastungen aufnehmen muß.

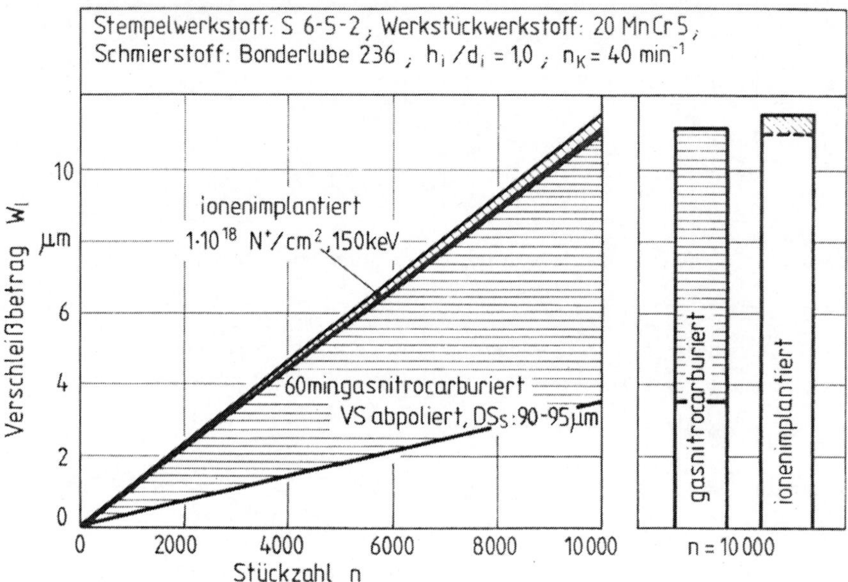

Bild 73: Verschleiß ionenimplantierter und gasnitrocarburierter Stempel.

Daß auch bei den ionenimplantierten Stempeln abrasiver Furchungsverschleiß vorliegt, zeigt Bild 74. Aber auch die hierfür ursächlichen kleinen adhäsiven Verschweißungen sind erkennbar.

Bild 74: REM-Aufnahme des Fließbundes eines ionenimplantierten Stempels nach 10 000 Näpfen.

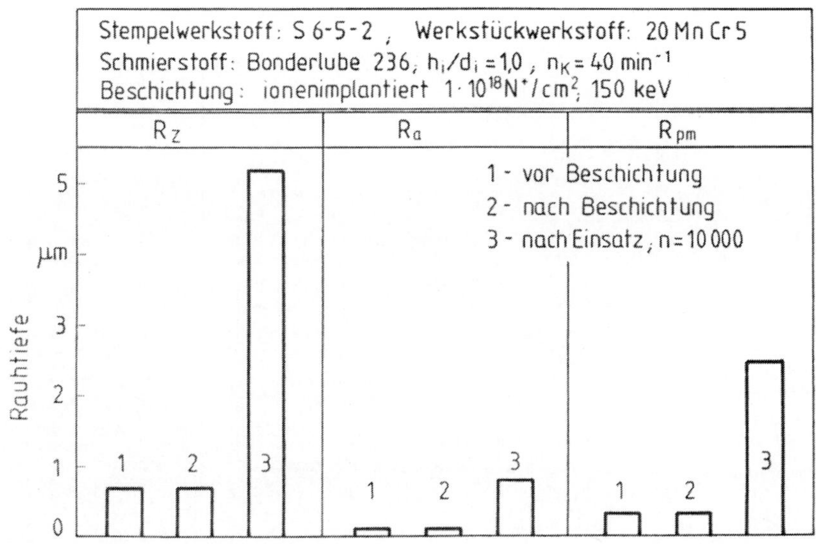

Bild 75: Änderung der Oberflächenrauheit eines ionenimplantierten Stempels.

Oberflächenmessung:

Die Oberfläche eines Stempels ändert sich durch eine Ionenimplantation nicht, s. Bild 75. Nach 10 000 gepreßten Näpfen weist die Oberfläche eine Rauheit auf, die mit der von unbeschichteten zu vergleichen ist.

6.2.5 Einfluß einer PVD-Beschichtung

Die Beschichtung der Stempeloberfläche mit TiN nach dem PVD-Verfahren zeigte eine sehr gute Verschleißminderung. Mit 25 000 gepreßten Näpfen beim DDV und 35 000 Näpfen bei der konventionellen Meßmethode lagen die gemessenen Verschleißbeträge gerade über der Nachweisgrenze beider Meßverfahren. Der Verschleißbetrag bei 10 000 Näpfen liegt noch unter 0,5 μm, s. Bild 76.

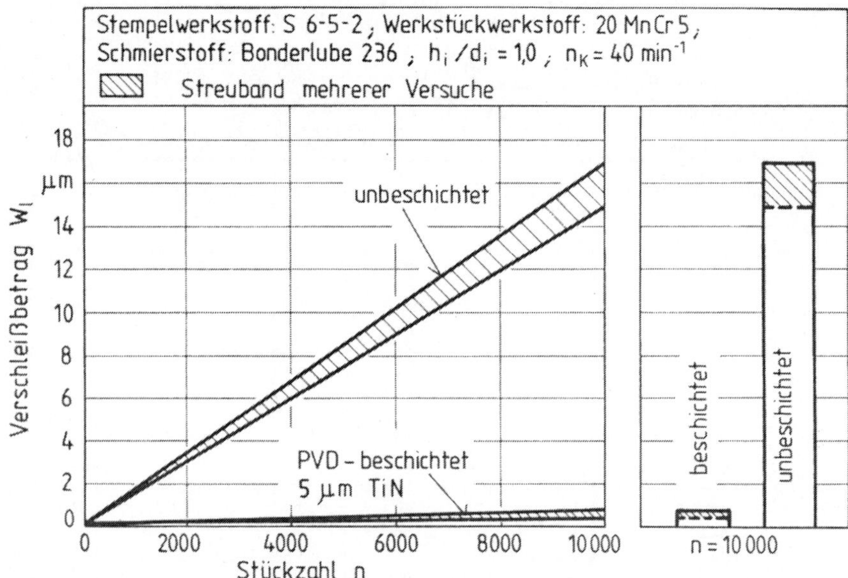

Bild 76: Verschleiß PVD-TiN-beschichteter Stempel.

Wie auch bei den unbeschichteten Stempeln [34] liegt der Verschleißbetrag beim Werkstückwerkstoff 41 Cr 4 über dem des Einsatzstahles 20 MnCr 5, s. Bild 77. Diese Ergebnisse decken sich mit Praxiserfahrungen [88].

Es muß aber noch einmal auf die Wichtigkeit einer gezielten Vorbehandlung hingewiesen werden, ohne die kein befriedigendes Ergebnis erzielt werden kann. Des weiteren hat bei diesem relativ komplizierten Beschichtungsverfahren die Umsetzung der Erfahrung der Beschichtungsfirma einen starken Einfluß auf das Beschichtungsergebnis.

Oberflächenmessung:

Ein signifikantes Ergebnis zeigt die Rauhtiefenmessung des Stempels, s. Bild 78. Zunächst wird die Oberfläche des Stempels durch die Beschichtung aufgerauht. Durch den geringen Verschleiß während des Versuches kommt es aber zu einem Abbau der Rauheitsspitzen. Nach 35000 Näpfen erreicht die

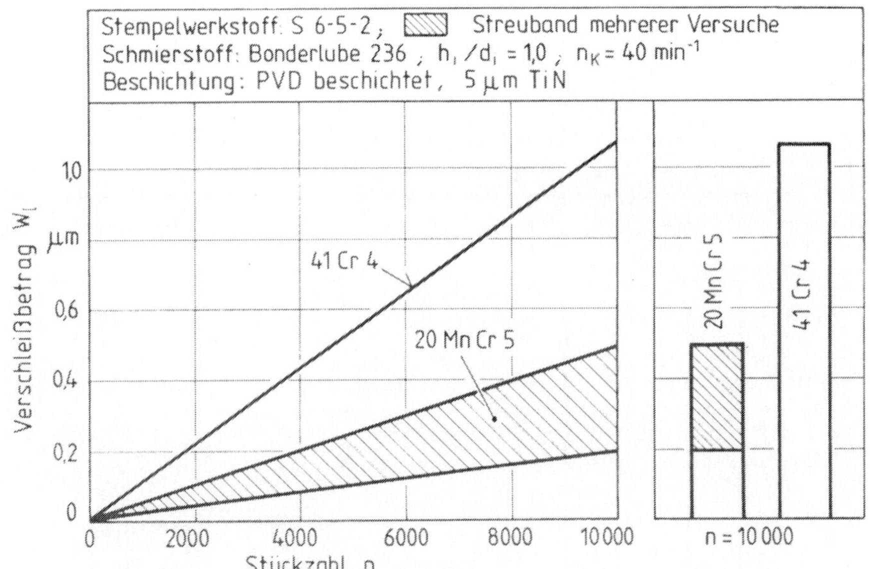

Bild 77: Einfluß des Werkstückwerkstoffs bei einem PVD-TiN-beschichteten Stempel.

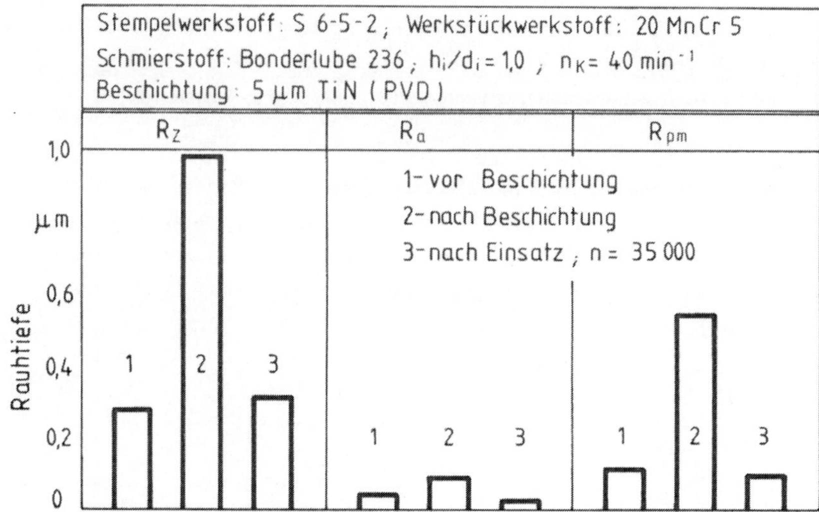

Bild 78: Änderung der Oberflächenrauheit eines PVD-TiN-beschichteten Stempels.

Oberflächenrauheit etwa wieder die Ausgangswerte. Man könnte diesen Effekt als ein selbständiges Nachpolieren der Stempel ansehen. Die geringe Rauheit des Stempels zeigt sich auch in den Näpfen, s. Bild 79.

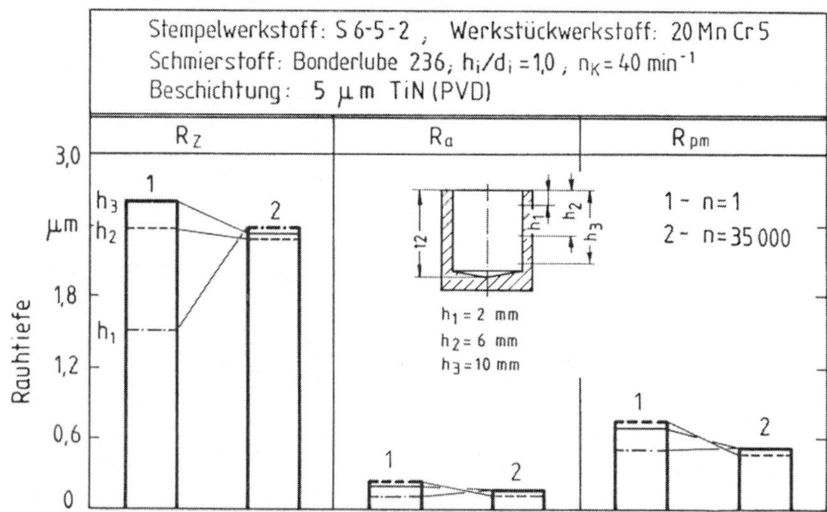

Bild 79: Änderung der Oberflächenrauheit in den mit einem PVD-TiN-beschichteten Stempel gefertigten Näpfen.

6.2.6 Vergleich der Beschichtungen beim Napf-Rückwärts-Fließpressen

Gegenüber dem Stauchen ergaben sich beim Napf-Rückwärts-Fließpressen wesentlich höhere Verschleißbeträge. Dadurch tritt der Einfluß der Anfangsrauheit der Stempel auf den Gesamtverschleißbetrag in den Hintergrund; ein direkter Vergleich der Verschleißbeträge der Beschichtungen ist zulässig.

Bild 80 zeigt, daß durch eine Oberflächenbeschichtung in den meisten Fällen der Verschleiß reduziert wird. Dabei schneiden die PVD-TiN-beschichteten und die nach dem TD-Verfahren vanadierten Stempel am besten ab. Eine gute Verschleißminderung wird auch, abgesehen vom Plasma-Nitrieren, durch die verschiedenen Nitrierverfahren erreicht. Allerdings können hier bei langen dünnen Stempeln durch die schlechte Wärmeabfuhr und die hohe Druck-Schwellbeanspruchung Risse entstehen. Durch eine höhere Stützwirkung bei Stempeln mit einem größeren Durchmesser und etwa gleicher Schichtdicke kann diese Ausfallursache voraussichtlich verhindert werden.

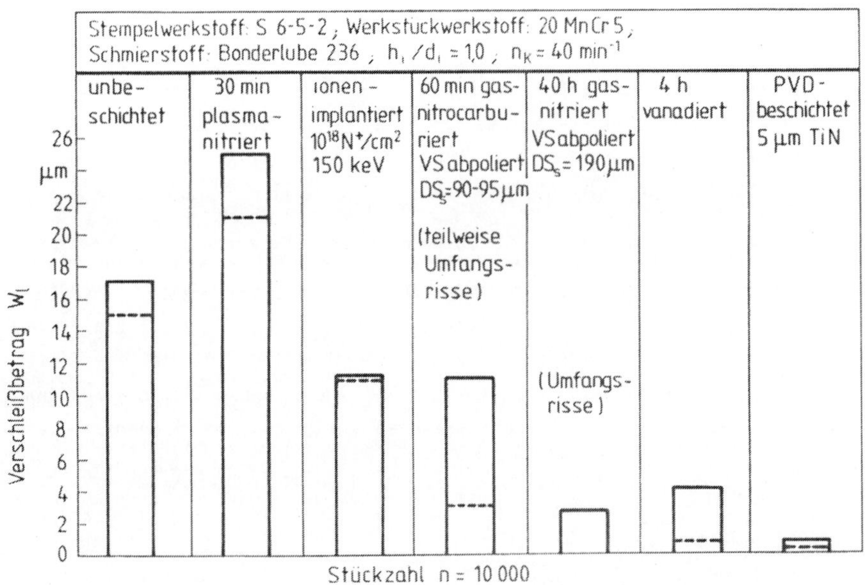

Bild 80: Vergleich der Beschichtungen beim NRFP.

Beim Plasma-Nitrieren muß eine längere Behandlungszeit gewählt werden, um Erfolge wie bei den anderen Nitrierverfahren zu erreichen; ist die nitrierte Schicht zu dünn, kann wegen der Versprödung der Oberfläche der Verschleißbetrag über dem der unbeschichteten Stempel liegen.

Die ionenimplantierten Stempel zeigen einen Verschleiß, der an der oberen Grenze der Werte für nitrocarburierte Stempel liegt. Dies gilt nur für den Stückzahlbereich, in dem die triboinduzierte Diffusion wirkt. Bei höheren Stückzahlen wird die Verschleißrate auf den Wert für unbeschichtete Stempel ansteigen.

Unter der Annahme einer weiteren linearen Zunahme des Verschleißes - ein möglicher progressiver Anstieg wird also nicht berücksichtigt - ergeben sich die nachfolgenden Standzeitverlängerungen, bis die Toleranzgrenze entsprechend den unbeschichteten Stempeln erreicht wird:

Beschichtung	Standzeitverlängerung um den Faktor
unbeschichtet	1
plasmanitriert (30 min)	0,75
gasnitriert (40 h)	4,5
gasnitrocarburiert (60 min)	1,5 bis 4,5
ionenimplantiert (10^{18} N^{+}/cm^{2}, 150 keV)	1,5
vanadiert (4 h)	6,5 bis 23
PVD-beschichtet (5μm TiN)	32

Die gemessene Rauhtiefe der Stempel nach den Versuchen, die sich in der Oberfläche der Näpfe abbildet, zeigt für gasnitrierte Stempel die schlechtesten Werte, s. Bild 81. Ein direkter Vergleich der Stempel ist hier wegen der unterschiedlichen Endstückzahlen nicht möglich; dennoch ist festzustellen, daß die PVD-TiN-beschichteten und die nach dem TD-Verfahren vanadierten Stempel auch bei hohen Stückzahlen die besten Oberflächen zeigten.

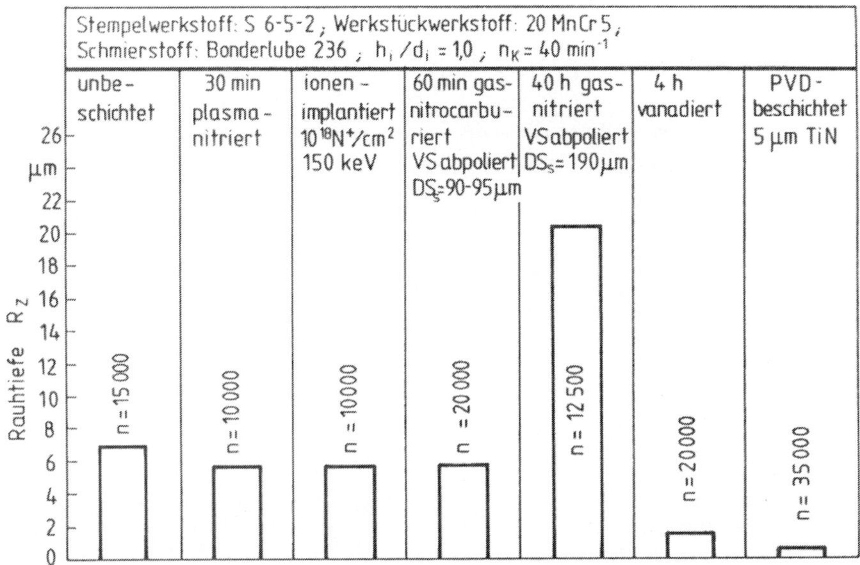

Bild 81: Vergleich der Oberflächenrauheit der Stempel nach den Versuchen.

Im Bild 57 wurde gezeigt, daß durch eine geeignete Schmierstoffauswahl der Verschleißbetrag zum Teil auf Werte vermindert werden konnte, die durch einige Beschichtungen nicht erreicht wurden. Hier muß unter Berücksichtigung der betrieblichen Gegebenheiten ein Wirtschaftlichkeitsvergleich durchgeführt werden. Eine noch gesteigerte verschleißmindernde Wirkung ist bei Einsatz eines optimalen Schmierstoffes in Verbindung mit einer leistungsfähigen Beschichtung zu erwarten.

7 VERGLEICH DER ERGEBNISSE BEIM STAUCHEN UND NAPF-RÜCKWÄRTS-FLIEBPRESSEN UND RÜCKSCHLÜSSE AUF DIE VERFAHREN DER KALTMASSIVUMFORMUNG

Die Verfahren der Kaltmassivumformung unterscheiden sich wesentlich hinsichtlich ihrer tribologischen Beanspruchungsgrößen [95], s. Tabelle 3.

	Verjüngen 	 Abstreckgleitziehen	Stauchen 	HVFP 	VVFP 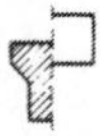	NRFP 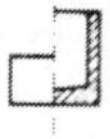
$\bar{p}_{max}/k_{fm}$	1,4	1,6	3,4	3,2	3,8	5,2
v_{rel}/v_0	1,5	2,3	2,4	5	5,7	6,3
A_1/A_0	1,2	2,2	4,5	4	2	11

$\bar{p}_{max}/k_{fm}$ - maximale Flächenpressung, bezogen auf die mittlere Fließspannung

v_{rel}/v_0 - Relativgeschwindigkeit, bezogen auf die Geschwindigkeit des formgebenden Werkzeuges

A_1/A_0 - Oberflächenvergrößerung

Tabelle 3: Vergleich der tribologischen Beanspruchungsgrößen nach [95].

Zwischen dem Stauchen und dem NRFP unterscheiden sich die Beanspruchungsgrößen etwa um den Faktor 2. Unter der Annahme eines einfach proportionalen Zusammenhangs der Beanspruchungsgrößen mit dem Verschleißbetrag, wobei hier die Temperatur noch nicht berücksichtigt ist, muß in der Summe der Beanspruchung mindestens mit dem Faktor 6 gerechnet werden. Tatsächlich ist aber, wie die Versuche gezeigt haben, der Einfluß der Beanspruchungsgrößen wesentlich komplexer; auch die Werkzeuggeometrie ist nicht zu vernachlässigen. Gegenüber dem Stauchen liegen die vergleichbaren Verschleißbeträge für den Schnellarbeitsstahl beim NRFP etwa um den Faktor 15 höher. Ein linearer Zusammenhang des Verschleißes in Abhängigkeit von den Beanspruchungsgrößen kann deshalb nicht angenommen werden; dies bestätigt wiederum, daß der Verschleiß eine Systemeigenschaft ist und auch nur bedingt durch Kenngrößen eines Systems beschrieben werden kann. Offenbar muß in Abhängigkeit von den Beanspruchungsgrößen zumindest mit einem exponentiellen

Anstieg gerechnet werden. Ein besonders großes Gewicht haben hierbei die Beanspruchungsgrößen relative Flächenpressung (da sie direkt die an der Oberfläche wirkende Spannung beschreibt) und die relative Oberflächenvergrößerung (da sie einen Kennwert für den Verschleißweg darstellt). Die Erhöhung der Relativgeschwindigkeit dürfte sich dagegen in einer Temperaturerhöhung in der Wirkfuge und dadurch bedingt in einer Änderung der Reibungsbedingungen auswirken.

Die Oberflächenrauheit der Werkzeuge vor dem Versuch wirkt sich beim Stauchen durch die geringeren Verschleißbeträge, die sich bei diesem Verfahren ergaben, wesentlich stärker aus als beim NRFP. Dafür werden Einflüsse der Geometrie auf den Verschleiß, z. B. scharfe Kanten etc., beim Stauchen gegenüber dem NRFP nicht erfaßt. Durch den höheren Verschleiß beim NRFP können wesentlich schneller quantitative Aussagen über die Auswirkung einer veränderten Einflußgröße, z. B. einer Beschichtung, gemacht werden. Grundsätzliche Erkenntnisse über die Eignung von Schichten in der Kaltmassivumformung können aber, wie die Ergebnisse zeigen, auch mit dem Stauchen gewonnen werden.

Für die Kaltmassivumformung ist festzustellen, daß bei Reaktionsschichten in allen Fällen eine gute Schichthaftung erreicht wurde.

Bei den nitrierten Werkzeugen sollte die spröde Verbindungsschicht unterdrückt oder abpoliert werden, da sie bei den auftretenden Belastungen abplatzt. Die Gefahr von Rissen kann voraussichtlich bei größeren Werkzeugen oder niedrigeren Belastungen vermieden werden. Die erreichbare Verschleißminderung ist, unter der Voraussetzung einer ausreichenden Nitriertiefe, als gut zu bezeichnen.

Die Ionenimplantation bietet die interessante Möglichkeit, fertigbearbeitete Werkzeuge bei niedrigen Temperaturen mit einem Verschleißschutz zu versehen, der an den der nitrierten Werkzeuge herankommt.

Bei ausreichender Schichtdicke ist eine sehr gute Verschleißminderung durch das Vanadieren und die CVD-TiC-Beschichtung gegeben. Bei beiden Verfahren ist nach dem Beschichten zu härten; dies kann zu Verzugsproblemen führen. Ein Nachpolieren ist wegen der Aufrauhung der Oberfläche zu empfehlen. Aufgrund ihrer geringen Adhäsionsneigung ist der Einsatz von vanadierten Werkzeugen auch bei mangelhafter Schmierung empfehlenswert.

Verbesserte Beschichtungsmethoden beim Hartverchromen, die eine gute Schichthaftung, -härte und Verschleißschutz gewährleisten, lassen eine zunehmende Anwendung für Werkzeuge der Kaltmassivumformung erwarten. Die niedrige Beschichtungstemperatur ist hierbei von Vorteil.

Die CVD-W_2C-Schichten hielten den Belastungen bei der Kaltmassivumformung nicht stand. Risse und Ausbrüche in der Schicht führten zum Ausfall des Werkzeuges.

Bei einer kontrollierten Vorbehandlung und zuverlässigen PVD-Beschichtung sind mit TiN-Schichten sehr gute Erfolge zu erzielen. Mit zunehmendem Einsatz von PVD-Beschichtungen für Umformwerkzeuge sind auch Verbesserungen des Verfahrens denkbar, die eine Erhöhung der Beschichtungstiefe bei Innenkonturen ermöglichen.

8 WIRTSCHAFTLICHKEITSBETRACHTUNG UND MODELL DES SYSTEMATISCHEN EINSATZES VON BESCHICHTUNGEN

Voraussetzung für einen langfristigen Einsatz von Beschichtungen für Umformwerkzeuge ist eine genaue Dokumentation der Werkzeugstandzeiten. Als Beispiel ist in Bild 82 das Ergebnis einer Abfrage aus einem Werkzeug-Informations-System eines Industrieunternehmens dargestellt [1]. Ein solches System gibt u. a. die Information, wieviel Prozent der Werkzeuge durch die verschiedenen Ausfallursachen erliegen. Das Beispiel zeigt, daß der Verschleiß neben dem Bruch das wichtigste Ausfallkriterium ist. Das dargestellte Ausmaß des Verschleißes erhöht sich noch, wenn das "Anfressen", das ja eine Form adhäsiven Verschleißes ist, hinzuaddiert wird. Die im Bild angegebenen Ausschußkosten stellen den Wert dar, der aufgrund der geringen Standmenge der Werkzeuge im Verhältnis zur Soll-Standmenge nicht ausgeschöpft wurde; diese Kosten stellen die Dringlichkeit von Maßnahmen zur Senkung der Werkzeugkosten heraus.

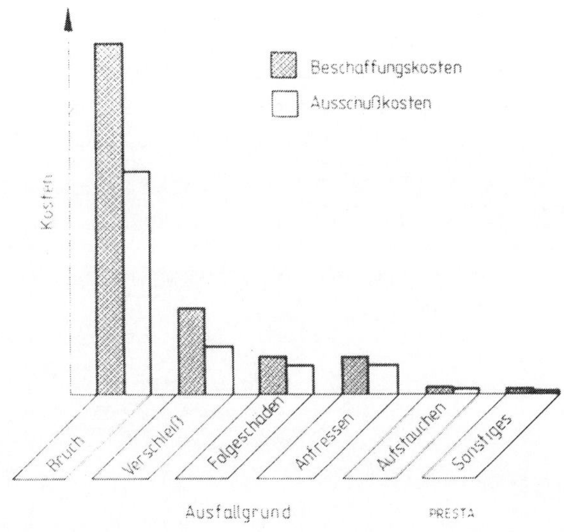

Bild 82: Ausfallursachen für Werkzeuge in einem Industriebetrieb nach [1].

Mit Hilfe einer ABC-Analyse [96] können diejenigen Werkzeuge aus einer Datenbank abgefragt werden, die für eine Beschichtung in Frage kommen. Mit der Auswahl eines geeigneten Beschichtungsverfahrens taucht die Frage nach der Wirtschaftlichkeit einer Beschichtung auf.

Der Anwender wünscht eindeutige Aussagen über die zu erwartende Standzeitverlängerung und entstehende Beschichtungskosten. Die Angabe von Zahlenwerten in diesem Zusammenhang kann sich jedoch nur auf ein ganz bestimmtes Werkzeug und Umformverfahren, im Extremfall sogar nur auf einen konkreten Auftrag beziehen. Wird z. B. die Geometrie eines Werkzeuges geändert, so wird auch der Beanspruchungszustand der Schicht verändert; dies kann die Standzeit in eine Richtung verschieben, die nicht unbedingt voraussehbar ist. Ähnliche Effekte können bei Veränderung eines anderen den Umformvorgang beeinflussenden Parameters auftreten.

Die Kosten einer Beschichtung lassen sich nicht ohne weiteres auf ein anderes Werkzeug übertragen; hier müssen die Auftragsmenge, der Werkzeugwerkstoff und die Wärmebehandlung berücksichtigt werden. Einige Beschichtungsverfahren werden nach Gewicht, andere wiederum nach Gewicht, zu beschichtender Fläche und möglicher Chargierung kalkuliert.

Bei einer Kosten-Nutzen-Analyse ist die betriebsspezifische Aufschlüsselung des Nutzens schwierig, aber sehr wichtig. Eine Standzeitverlängerng durch eine Beschichtung wirkt sich im wesentlichen auf folgende Kosten aus:

- o gesamte Werkzeugkosten
- o Kosten für die Lagerhaltung von Ersatzwerkzeugen
- o Rüstkosten
- o Einrichtkosten
- o Kosten durch Maschinenstillstand
- o Kosten durch Produktionsunterbrechung in verketteten Anlagen
- o Ausschußkosten

o Kosten für Nacharbeit.

Unter den erwähnten Vorbehalten ist in Bild 83 das Ergebnis eines Kostenvergleichs für drei, für einen fiktiven Auftrag notwendigen Fließpreßstempel dargestellt. Am kostengünstigsten schneiden die Nitrierverfahren ab. Danach folgt das Borieren, das durch eine nachträgliche Wärmebehandlung unter Schutzgas teurer wird, die TD-Behandlung und die mit wesentlich höherem technischem Aufwand durchgeführten PVD- und CVD-Verfahren.

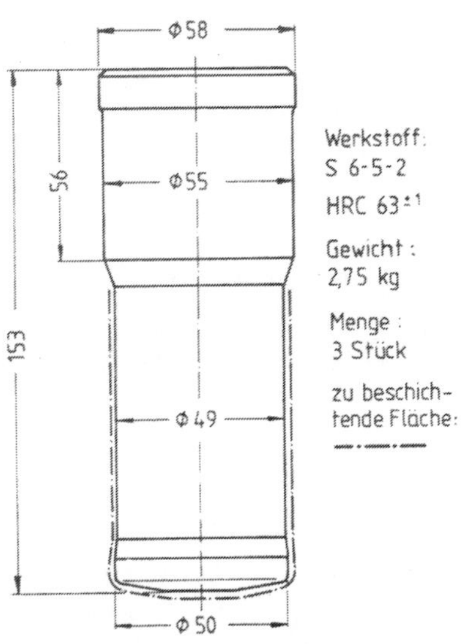

Beschichtungsverfahren	Herstellkosten-Faktor eines Stempels (einschließlich Wärmebehandlung)
unbeschichtet	1,00
Gas-Nitrieren (40 h)	1,02
Plasma-Nitrieren (DS ~ 25 μm)	1,06
Gas-Nitrocarburieren (3 h)	1,08
Borieren (20-30 μm)	1,35
Vanadieren (4 h)	1,35 bis 1,75
PVD-beschichten (3-6 μm TiN)	1,35 bis 1,75
CVD-beschichten (etwa 8 μm TiC)	2,65

Bild 83: Kostenvergleich von Beschichtungen.

Die Kosten für ionenimplantierte Werkzeuge dürften bei einer ausgereiften kommerziellen Beschichtungsanlage in der Größenordnung der PVD-Beschichtung liegen. Weitere Angaben zu den Kosten von Beschichtungen sind in [54] und [78] zu finden.

Das Resümee aus diesen Ausführungen soll anhand eines Modells für den systematischen Einsatz von Beschichtungen gezeigt werden, s. Bild 84: Erfassung der Werkzeugstandzeiten (am besten rechnerunterstützt) - Auswahl der in Frage kommenden Werkzeuge in einer ABC-Analyse - Auswahl und Prüfung des Beschichtungsverfahrens, auch mit Hilfe von schon vorliegenden Erfahrungen - Kosten/Nutzen-Vergleich - eingehende Beratung mit Beschichtungsfirma - Beschichtung der Werkzeuge und einer Vergleichsprobe, an der metallographische Untersuchungen durchgeführt werden können - Fertigung - Protokollierung des Ergebnisses der Beschichtung, um aus einer Ansammlung von Daten Rückschlüsse ziehen zu können, wenn eine Wiederholung oder Variante des Werkzeuges vorliegt - Diskussion von eventuellen Mißerfolgen mit Beschichtungsfirmen.

Gerade der letzte Hinweis ist sehr wichtig, da viele Anwender sich durch einen einmaligen Mißerfolg vom Einsatz von Beschichtungen abschrecken lassen, obwohl vielleicht durch ein Gespräch zwischen Anwender und Anbieter eine einfache Lösung gefunden werden könnte.

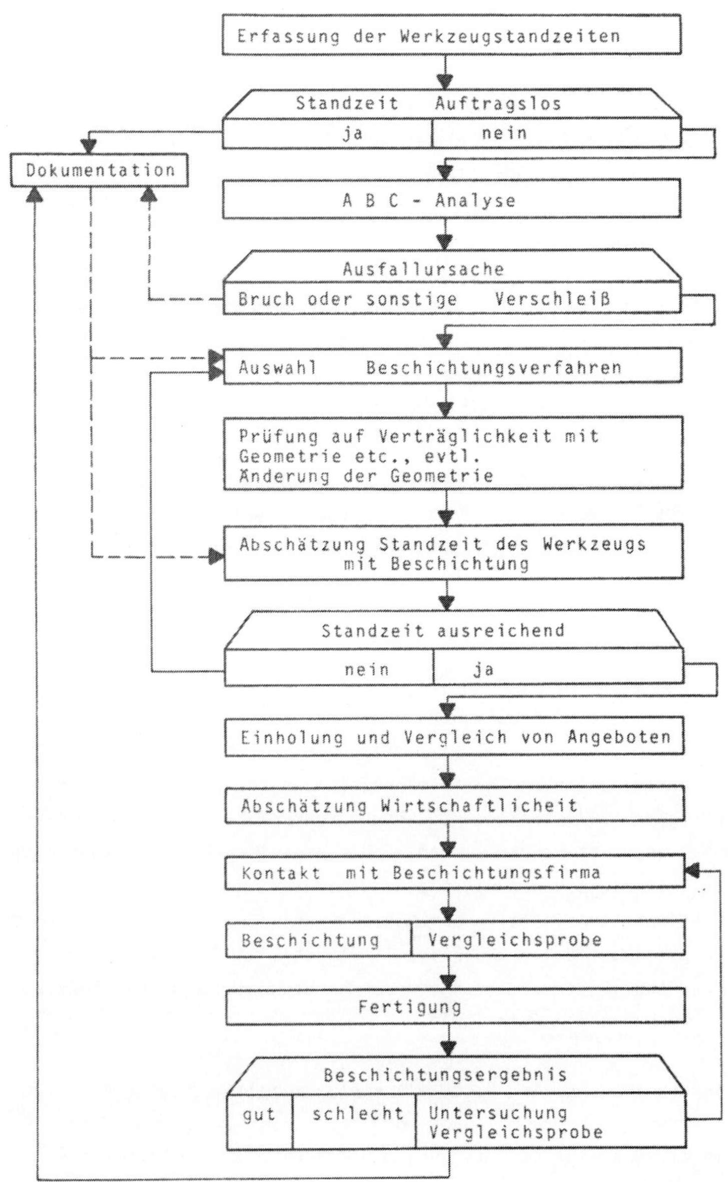

Bild 84: Modell des systematischen Einsatzes von Beschichtungen.

9 ZUSAMMENFASSUNG UND AUSBLICK

Der Werkzeugverschleiß in der Kaltmassivumformung ist neben dem Werkzeugbruch das wichtigste Ausfallkriterium. Mit Hilfe eines Werkzeug-Informations-Systems können diejenigen Werkzeuge ermittelt werden, bei denen eine Verschleißminderung durch Oberflächenbeschichtungen wirtschaftlich interessant ist.

Ausgehend von der Forderung nach einer ausreichenden Standzeitverlängerung zu vertretbaren Kosten wurden in dieser Untersuchung verschiedene in Frage kommende Oberflächenbeschichtungen hinsichtlich ihres Einsatzes in der Kaltmassivumformung geprüft und verglichen.

Als Umformverfahren wurden das Stauchen zwischen ebenen Bahnen und das Napf-Rückwärts-Fließpressen gewählt. Das Stauchen erlaubt es, den Verschleiß von beschichteten Werkzeugen unabhängig von der Geometrie zu betrachten, während beim NRFP beide Einflußgrößen, Beschichtung und Geometrie, zusammen auftreten.

Der Verschleiß wurde über die Änderung der Geometrie, durch den Vergleich der Schichtdicke unbeeinflußter und dem Verschleiß ausgesetzter Werkzeugbereiche sowie nach dem Dünnschicht-Differenzen-Verfahren ermittelt. Letzteres Verfahren erlaubt eine Verschleißbestimmung bei vergleichsweise niedrigen gefertigten Teilezahlen; es können mehrere Parameter nacheinander am gleichen Werkzeug untersucht werden. Die experimentellen Schwierigkeiten bei einer Aktivierung von Oberflächenschichten, besonders bei der Ermittlung des Aktivitätsverlaufs in der Schicht und bei der Berücksichtigung des zeitlichen Abfallens der radioaktiven Strahlung, werden beschrieben. Die Messung der Rauheit vor und nach der Beschichtung ergab in den meisten Fällen eine Aufrauhung der Oberfläche.

Beim Stauchen zeigten sich durch die kleinere Belastung gegenüber dem NRFP geringere Verschleißbeträge. Dadurch wirken sich fertigungsbedingte Abweichungen in der Qualität der Stauchbahnen stärker auf den Verschleiß aus als beim NRFP. Durch die Paarung von Werkzeugen mit etwa gleicher Oberflächenrauheit vor der Beschichtung ist der direkte Vergleich der im selben Versuch getesteten unbeschichteten und beschichteten Stauchbahn zulässig. Der

Vergleich der beschichteten Stauchbahnen untereinander ist aber nur qualitativ möglich.

Beim NRFP liegt der Verschleiß in der Regel weit über den Werten der Oberflächenrauheit nach der Beschichtung. Hier wurde ein quantitativer Vergleich angestellt.

Die Ergebnisse beider Umformverfahren zeigen, daß durch die Wahl eines geeigneten Beschichtungsverfahrens der Verschleiß deutlich vermindert werden kann. Ein guter Verschleißschutz beim Stauchen wurde mit den Verfahren CVD (TiC), Hartverchromen, Ionenimplantieren und Nitrieren erreicht. Beim NRFP erwiesen sich die vanadierten (Standzeitverlängerung 6,5- bis 23fach) und die PVD-TiN-beschichteten Stempel (Standzeitverlängerung bis 32fach) hinsichtlich der Verschleißminderung und der Oberflächenqualität bei höheren Stückzahlen als herausragend.

Mit Hilfe dieser Ergebnisse sollte es dem Anwender möglich sein, ein für den jeweiligen Anwendungsfall geeignetes Beschichtungsverfahren auszuwählen und die Standzeit der Werkzeuge zu erhöhen. Durch die damit verbundene Herabsetzung des Werkzeugkostenanteils an den Herstellkosten wird eine Fertigung von Kaltfließpreßteilen wirtschaftlicher, und der zunehmende Kostendruck durch konkurrierende Herstellverfahren kann besser aufgefangen werden.

Die intensiven Forschungsarbeiten im Bereich der Beschichtungstechnologien lassen in den nächsten Jahren Ergebnisse erwarten, deren Nutzung auch für den Bereich der Werkzeugbeschichtung in der Kaltmassivumformung Vorteile erbringen können. Offen bleibt eine auf dieser Untersuchung aufbauende gezielte Optimierung von Beschichtungsparametern bei einzelnen, geeigneten Beschichtungsverfahren, um somit den größtmöglichen wirtschaftlichen Nutzen aus dem Einsatz eines beschichteten Werkzeuges ziehen zu können.

ANHANG

Werkstoff	C	Cr	Mo	V	W
X 40 CrMoV 5 1 (1.2344)	0,40	5,3	1,4	1,0	-
X 155 CrVMo 12 1 (1.2379)	1,55	12,0	0,7	1,0	-
S 6-5-2 (1.3343)	0,90	4,0	5,0	1,9	6,4

Anhang A 1: Chemische Zusammensetzung der Werkzeugwerkstoffe in Gew.-%.

Metalle	: Be, Al, Ti, Nb, Ta, Cr, Mo, W, Re...
Graphit und Carbide	: C, B_4C, SiC, TiC, TaC, Cr_3C_2, WC...
Nitride	: BN, TiN, TaN, Si_3N_4,...
Bor und Boride	: B, TaB_2, WB, FeB, NiB, TiB_2...
Silizium und Silizide	: Si und die verschiedenen Silizide von Mo, Fe, Ni...
Oxide	: Al_2O_3, SiO, SiO_2,...
Polymerisate	: PTFE

(Diese Zusammenstellung gibt nur einen Überblick und ist nicht vollständig)

Anhang A 3: Mögliche Schichtwerkstoffe bei einer CVD-Beschichtung nach [75].

Werkstoff	Werkstoff-Nr.	C	Si	Mn	P	S	Cr
20 MnCr 5	1.7147	0,19	0,20	1,35	0,011	0,023	1,20
41 Cr 4	1.7035	0,38	0,24	0,60	0,014	0,015	1,00

Anhang A 4: Chemische Zusammensetzung der Werkstückwerkstoffe in Gew.-%.

Oberflächen-beschichtung	Behandlungs-temperatur T in °C	Behandlungs-dauer	Schicht-dicke s in µm	Mikro-härte	Schicht-werkstoff	E-Modul N/mm²	Wärmeaus-dehnungs-koeffizient $\alpha \cdot 10^{-6}$ in $\frac{1}{°C}$	Oxidation an Luft in °C
Salzbad-Nitro-carburieren	570	10min-2h	VS 5-10 DS > 100	1000-1500HV0,1	$Fe_{2-3}N$, Fe_4N	n.b.	n.b.	n.b.
Gas-Nitrieren	500	20h-100h				n.b.	n.b.	n.b.
Gas-Nitro-carburieren	570	6h				n.b.	n.b.	n.b.
Plasma-Nitrieren	350-500	10min-36h	VS<2			n.b.	n.b.	n.b.
Vanadieren	800-1250	1h-10h	6-8	2800HV0,02	VC,...	276000	7,2	600
Ionenimplan-tieren	200	60min	0,2	n.b.	$Fe_{16}N_2$,...	n.b.	n.b.	n.b.
Hartverchromen	RT-98	10min-20min	5-10	850-1800 HV0,1	Cr	245000	6,6	380
CVD-Verfahren (Tieftemperatur)	350-550	1h-2h	1-2 Ni 2-30 W_2C	2000-2300 HV0,1	W_2C,...,Ni	430000	5,9	500
CVD-Verfahren	900-1100	3h	5-10	3200-4000 HV0,02	TiC	450000	7,4-8,8	800
PVD-Verfahren	350-500	1h-3h	3-5	2000-2400 HV0,02	TiN	250000	9,35	1200

Anhang A 2: Untersuchte Schichten und ihre Eigenschaften.

Beschichtungs-verfahren	Beschichtungs-parameter	Werkzeugwerkstoff
Salzbad-Nitrocarburieren	15 min	S 6-5-2 X 155 CrVMo 12 1
Gas-Nitrieren	40 h	X 155 CrVMo 12 1
Gas-Nitrocarburieren	60 min	S 6-5-2
Plasma-Nitrieren	20 h	X 155 CrVMo 12 1
Vanadieren	3 h 4 h	X 155 CrVMo 12 1 S 6-5-2
Ionenimplantieren	$6\cdot10^{17}$ N^+/cm^2; 150 keV $6\cdot10^{17}$ N^+/cm^2; 100 keV $6\cdot10^{17}$ B^+/cm^2; 150 keV	X 155 CrVMo 12 1 X 40 CrMoV 5 1 X 155 CrVMo 12 1
Hartverchromen	5 µm 10 µm	X 155 CrVMo 12 1
CVD-W_2C	2 µm Ni; 3 µm W_2C	X 155 CrVMo 12 1
CVD-TiC	8 µm TiC	S 6-5-2 X 155 CrVMo 12 1
PVD-TiN	5 µm TiN	X 155 CrVMo 12 1

Nicht verändert: Umformgrad $\varphi = 1{,}1$; Maschinenhubzahl $n_K = 45$ min ;
Werkstückwerkstoff 20 MnCr 5; Schmierstoff Bonderlube 236

Anhang A5: Übersicht zu den Versuchen bei Stauchen.

Beschichtungs-verfahren	Beschichtungs-parameter	Schmier-stoff	h_i/d_i	Maschinen-hubzahl	Werkstück-werkstoff
Gas-Nitrieren	40 h	B1 236	1,0	40 min	20 MnCr 5
Gas-Nitro-carburieren	60 min	B1 236	1,0	40 min	20 MnCr 5
			0,7		
				35 min	
		Molydag			
Plasma-Nitrieren	30 min	B1 236	1,0	40 min	20 MnCr 5
Vanadieren	4 h	B1 236	1,0	40 min	20 MnCr 5
Ionenim-plantieren	$4\cdot10^{17}\,N^+/cm^2$ 100 keV	B1 236	1,2	40 min	20 MnCr 5
	$4\cdot10^{17}\,N^+/cm^2$ 120 keV	B1 236	1,2	40 min	20 MnCr 5
	$6\cdot10^{17}\,N^+/cm^2$ 100 kev	B1 236	1,2	40 min	20 MnCr 5
	$1\cdot10^{18}\,N^+/cm^2$ 150 keV	B1 236	1,0	40 min	20 MnCr 5
			1,3		
PVD-TiN	5 µm TiN	B1 236	1,0	40 min	20 MnCr 5 41 Cr 4

Nicht verändert: Werkzeugwerkstoff S 6-5-2

Anhang A6: Übersicht zu den Versuchen beim NRFP.

SCHRIFTTUM

[1] Geiger, R.: System zum Erfassen und Senken des Werkzeugverbrauchs beim Kaltmassivumformen. wt-Z. ind. Fertig. 69 (1979), S. 763 - 769.

[2] Noack, P.: Rechnerunterstützte Arbeitsplanerstellung und Kostenberechnung beim Kaltmassivumformen von Stahl. Berichte aus dem Institut für Umformtechnik, Universität Stuttgart, Nr. 48. Essen: Girardet 1979.

[3] Habig, K. H.: Grundlagen des Verschleißes von Werkstoffen und Richtlinien zur Bearbeitung von Verschleißfällen. In: Kontakt und Studium Nr. 99. Grafenau: expert-Verlag 1982.

[4] Wiegand, H.; Heinke, G.: Der metallische Verschleiß und Methoden zu seiner Untersuchung. Metall 20 (1966), S. 940 - 948.

[5] Czichos, H.: Experimentelle Methoden zur Untersuchung tribologischer Effekte im Mischreibungsgebiet. In: VDI-Berichte Nr. 156. Düsseldorf: VDI-Verlag 1970.

[6] Uetz, H.; Föhl, J.: Prüftechnik bei einem Verschleißsystem auf Grund der Verschleißanalyse, insbesondere der thermischen Analyse. In: VDI-Berichte Nr. 194. Düsseldorf: VDI-Verlag 1973.

[7] Habig, K. H.; Favery, D.; Kelling, N.: Rauheits- und Verschleißuntersuchung an Verschleiß-Schutzschichten. HTM 40 (1985), S. 283 - 293.

[8] Habig, K. H.; Evers, W.; Chatterjee-Fischer, R.: Verschleiß- und Versagensuntersuchungen an gehärteten, nitrierten und borierten Stählen in Abhängigkeit von der Wärmebehandlung des Gegenkörpers und der chemischen Zusammensetzung von Schmierstoffadditiven. HTM 33 (1978), S. 272 - 280.

[9] Habig, K. H.: Reibung und Verschleiß von gehärteten, nitrierten und borierten Stahl-Gleitpaarungen in Luft und im Vakuum. Z. f. Metallkunde 75 (1984), S. 630 - 634.

[10] Schröter, W.; Uhlig, W.; Alisch, G.: Zum Verschleißverhalten nitridhaltiger Schichten. Schmierungstechnik 11 (1980), S. 9 - 15.

[11] Whittle, R. D. T.; Scott, V. D.: Sliding-wear evaluation of nitrided austenitic alloys. Metals Technology 11 (1984), S. 231 - 241.

[12] Uetz, H.; Sommer, K.; Khosrawi, M. A.: Übertragbarkeit von Versuchs- und Prüfergebnissen bei abrasiver Verschleißbeanspruchung auf Bauteile. In: VDI-Berichte Nr. 354. Düsseldorf: VDI-Verlag 1979.

[13] Schmidt, W.: Aussagen über Verschleißmessungen. Schmiertechnik 19 (1972), S. 53 - 57.

[14] Kudo, H.; Tsubouchi, M.: Development of a Simulation Testing Machine of Friction and Wear Charakteristics of Lubricant and Tool for Extrusion and Forging. In: Annals of the CIRP, Vol. 24 (1975), S. 185 - 189.

[15] Kudo, H. u. a.: Determination of Friction and Wear Characteristics of some Lubricants and Tool Materials for Cold Forging with the Simulation Testing Machine. In: Annals of the CIRP, Vol. 28 (1979), S. 159 - 163.

[16] Tittagala, S. R.; Beeley, P. R.; Bramley, A. N.: A hot work tool wear test machine. Metallurgia (1983), S. 434 - 436.

[17] Wuttke, W.: Modelluntersuchungen für Reibungs- und Verschleißprozesse bei Verfahren der Massivumformung. Schmierungstechnik 7 (1976), S. 365 - 371.

[18] Nittel, J.: Kurzzeitverschleißprüfung von Hartmetallen für Schneid- und Umformwerkzeuge. Umformtechnik 14 (1980), S. 16 - 20.

[19] Woska, R.: Einfluß ausgewählter Oberflächenschichten auf das Reib- und Verschleißverhalten beim Tiefziehen. Dr.-Ing. Diss., Darmstadt 1983.

[20] Cammann, J.: Werkstoffauswahl und Oberflächenbehandlung für Werkzeuge und Blechverarbeitung. In: Tagungsband "2. Umformtechnisches Kolloquium". Institut für Fertigungsforschung e. V.. Darmstadt 1985.

[21] Grosch, H.; Munk, P.: Ein Beitrag zur Einwirkung von Reibung, Schmierung und Oberflächenveredelung auf die Standzeit von Werkzeugen für Kaltumformung. Bosch Techn. Berichte 1 (1965), S. 132 - 138.

[22] Joost, H.-G.: Beschichten von Schmiedegesenken. In: Tagungsband '9. Umformtechnisches Kolloquium". Hannoversches Forschungsinstitut für Fertigungsfragen e. V.. Hannover 1977.

[23] Melching, R.: Verschleiß, Reibung und Schmierung beim Gesenkschmieden. Dr.-Ing. Diss. Hannover 1980.

[24] Schneider, R.: Untersuchung der Einflußgrößen des tribologischen Systems Werkzeug - Schmierstoff - Schmiedestück. Fortschritt-Berichte der VDI-Zeitschriften Reihe 2 Nr. 78. VDI-Verlag 1984.

[25] Felder, E.; Montagut, J. L.: Friction and wear during the hot forging of steels. Tribology (1980), S. 61 - 68.

[26] Felder, E.; Renaudin, J.-F.; Thore, Y.: The Tribology of a Simple Hot Forging Process: Influence of Lubrication and Nitriding Treatment. In: Proceedings of the 1st Int. Conf. on Technology of Plasticity, Vol. I: Tokio 1984.

[27] Bergel, K.; Leidel, B.: Vergleichende Untersuchung von verschieden nitrierten Werkzeugstählen und Standmengenvergleich von Gesenken aus Warmarbeitsstählen. HTM 35 (1980), S. 11 - 16.

[28] Renaudin, J. F. u. a.: Verfahrensgang für ein Computerprogramm zur Vorplanung des Abrasionsverschleißes beim Gesenkschmieden.

In: Tagungsband " 11. Intern. Gesenkschmiedetagung". Industrieverband Deutscher Schmieden. Köln 1983.

[29] Razim, C.: Moderne Methoden praktischer Verschleißprüfung. In: VDI-Berichte Nr. 194. Düsseldorf: VDI-Verlag 1973.

[30] Gervé, A. J.: Moderne Möglichkeiten der Verschleißmessung mit radioaktiven Isotopen. Z. f. Werkstofftechnik 3 (1972), S. 81 - 86.

[31] Gervé, A. J.: Einsatzmöglichkeiten von Radionukliden zur Untersuchung konstruktiver und schmierstoffabhängiger Einflüsse auf den Verschleiß von Maschinenteilen. In: VDI-Berichte Nr. 196. Düsseldorf: VDI-Verlag 1973.

[32] Schlowag, E.; Quaas, J.: Untersuchung zum Verschleißverhalten von Stempeln beim Rückwärts-Kaltfließpressen von Näpfen mittels radioaktiver Isotope. Umformtechnik (1975), S. 14 - 20.

[33] Weiergräber, M.: Werkzeugverschleiß in der Massivumformung. Berichte aus dem Institut für Umformtechnik, Universität Stuttgart, Nr. 73. Berlin, Heidelberg, New York, Tokio: Springer 1983.

[34] Nehl, E.: Einfluß von Verfahrensparametern auf den Werkzeugverschleiß bei der Massivumformung. In: Tagungsband "Neuere Entwicklungen in der Massivumformung". Forschungsgesellschaft Umformtechnik mbH. Stuttgart 1985.

[35] DIN 50320: Verschleiß-Begriffe, Systemanalyse von Verschleißvorgängen, Gliederung des Verschleißgebietes. Berlin, Köln: Beuth-Verlag 1979.

[36] Zum Gahr, K.-H.: Zusammenhang zwischen abrasivem Verschleiß und der Bruchzähigkeit von metallischen Werkstoffen. Z. f. Metallkunde 69 (1978), S. 643 - 650.

[37] Hornbogen, E.: Der Einfluß der Bruchzähigkeit auf den Verschleiß metallischer Werkstoffe. Z. f. Metallkunde 66 (1975), S. 507 - 511.

[38] Kast, D.: Modellgesetzmäßigkeiten beim Rückwärts-Fließpressen geometrisch ähnlicher Näpfe. Berichte aus dem Institut für Umformtechnik, Universität Stuttgart, Nr. 13. Essen: Girardet 1969.

[39] Matsubara, S.; Kudo, H.: Determination of Pressure Distribution over Tool Surface in Cold Forging with a Simple Sensor. Annals of the CIRP 25 (1977) 1, S. 95 - 100.

[40] VDI-Richtlinie 3138, Blatt 1: Kaltfließpressen von Stählen und NE-Metallen - Grundlagen. Berlin, Köln: Beuth 1970.

[41] Nehl, E.: Tribologische Aspekte in der Umformtechnik - Teil I. In: Lehrgangsunterlagen "Tribologie und Schmierung in der Umformtechnik". Technische Akademie. Esslingen 1985.

[42] Kleinheins, P.: Strahlenphysikalische Grundlagen. In: Lehrgangsunterlagen "Strahlenschutz". Technische Akademie. Esslingen 1984.

[43] Seelmann-Eggebert, W.; Pfennig, G.; Münzel, H.: Nuklidkarte. 4. Auflage. Hrsg.: Gesellschaft für Kernforschung mbH, Karlsruhe. München: Gersbach u. Sohn 1974.

[44] Gervé, A.: Die wichtigsten Verschleißmeßmethoden der Isotopentechnik. Kerntechnik 14 (1972), S. 204 - 209.

[45] Schmoeckel, D.: Möglichkeiten der Verschleißminderung an Tiefzieh- und Schneidwerkzeugen durch harte Oberflächenschichten. In: Tagungsband "11. Umformtechnisches Kolloquium". Hannoversches Forschungsinstitut für Fertigungsfragen e. V.. Hannover 1984.

[46] Liedtke, D.: Nitrieren und Nitrocarburieren. Merkblatt 447 der Beratungsstelle für Stahlverwendung, 2. Aufl.. Düsseldorf: Müller 1983.

[47] Wahl, G.: Salzbadnitrieren - ein wirtschaftliches Wärmebehandlungsverfahren mit vielseitigen Anwendungsmöglichkeiten. ZwF 75 (1980), S. 414 - 418.

[48] Eysell, F. W.: Konventionelles Gasnitrieren: Heute übliche Verfahren. Maschinenmarkt 85 (1979), S. 1616 - 1620.

[49] Edenhofen, B.: Steigerung der Werkzeug-Standmenge durch Ionitrieren. Werkstatt und Betrieb 109 (1976), S. 289 - 293.

[50] Joost, H.-G.: Untersuchung über die Anwendbarkeit von beschichteten und oberflächenbehandelten Gesenkschmiedewerkzeugen. Ind.-Anz. 103 (1981) 64, S. 24 - 25.

[51] Geller, J. A.; Pavlova, L. P.: Erhöhung der Standmenge von Werkzeugen durch vorheriges Nitrieren. Kuzn.-Stamp. proizv. (1967) 7, S. 14 - 16.

[52] Eysell, F. W.: Über das Badnitrieren von Werkzeugen. Werkstatt und Betrieb 98 (1965), S. 273 - 277.

[53] Liedtke, D.: Erhöhung der Standzeit von Kalt-, Warm- und Schnellarbeitsstahlwerkzeugen durch Nitrieren. Z. f. wirtschaftl. Fertigung 65 (1970), S. 234 - 237.

[54] Kübert, M.; Woska, R.: Verschleißschutzschichten für Werkzeuge zum Kaltumformen. Werkstatt und Betrieb 116 (1983), S. 91 - 96.

[55] Kübert, M.; Woska, R.: Verschleißschutz bei Werkzeugen zum Kaltumformen und Trennen. Werkstatt und Betrieb 116 (1983), S. 117 - 126.

[56] Arai, T.: Karbidbeschichtung im Borax-Schmelzbad. Draht 32 (1981), S. 115 - 117 u. S. 203 - 205.

[57] TD-Process-Application to dies for cold forging. Informationsschrift der Toyota Central Research & Development Labs, Nagoya (Japan) 1980.

[58] TD-Process-Application Data Sheets. Informationsschrift der Toyota Central Research & Development Labs, Nagoya (Japan) 1983.

[59] Wolf, G. K.: Metallvergüten durch Ionenbestrahlung. In: Tagungsband "Neuere Entwicklungen in der Blechbearbeitung". Forschungsgesellschaft Umformtechnik mbH. Stuttgart 1982.

[60] Hohmuth, K. u. a.: Beeinflussung mechanischer Eigenschaften durch Ionenimplantieren. Neue Hütte 29 (1984), S. 174 - 182.

[61] Rehn, L. E.; Averback, R. S.; Okamoto, P. R.: Fundamental Aspects of Ion Beam Surface Modification. Defect Production and Migration Process. Material Science and Engineering 69 (1985), S. 1 - 11.

[62] Feller, G. H.; Klinger, R.: Tribologisches Verhalten von Stählen nach Stickstoffionenimplantation. Z. Metallkde. 76 (1985), S. 214 - 218.

[63] Bowden, F. P.; Ridler, K. E. W.: Physical properties of surface. In: Proceedings Royal Soc. A 154 (1936), S. 640.

[64] Drozda, T. J.: Ion Implantation. Manufacturing Engineering 64 (1985), S. 51 - 56.

[65] Fromson, R. F.; Kossowsky, R.: Preliminary results with ion implanted tools. In: Proceedings 9th North American Manufacturing Research Conf., Philadelphia, PA, May 1981.

[66] Dearnaley, G.: The effect of ion implantation upon the mechanical properties of metals and cemented carbides. Radiation Effects 63 (1982), S. 1 - 15.

[67] Hübner, H.; Ostermann, A. E.: Galvanisch und chemisch abgeschiedene Schichten. In: VDI-Berichte Nr. 333. Düsseldorf: VDI-Verlag 1979.

[68] Kunst, H.: Oberflächenbeschichtete Werkstoffe. In: Reibung und Verschleiß. Hrsg. K. H. Zum Gahr. Oberursel: Deutsche Gesellschaft für Metallkunde e. V. 1983.

[69] DBP DE 2555834 C2 vom 6.10.1983

[70] Lange, K.; Meinert, H.: Verschleißverhalten hartverchromter Schmiedegesenke. Forschungsberichte des Wirtschafts- und Verkehrsministeriums Nordrhein-Westfalen Nr. 286. Köln, Opladen: Westdeutscher Verlag 1956.

[71] Hintermann, H. E.: Herstellung von reibungsmindernden Verschleiß-Schutzschichten insbesondere durch CVD-Prozesse. In: Tagungsband Verschleißschutzschichten unter Anwendung der CVD/PVD-Verfahren. Technische Akademie. Esslingen 1984.

[72] Böhm, G.: Oberflächenschutzverfahren und ihr Einsatz in der Werkstoff- und Tribo-Technik. Z. Werkstofftechnik 15 (1984), S. 88 - 94 u. S. 124 - 132.

[73] Oldewurtel, A.: CVD-Beschichtung zum Zwecke des Verschleißschutzes. In: Verschleiß metallischer Werkstoffe und seine Verminderung durch Oberflächenschichten. Kontakt und Studium Nr. 99. Grafenau: expert Verlag 1982.

[74] Inzenhofer, A.: Verschleißschutz durch CVD-Behandlung. wt-Z. ind. Fertig. 75 (1985), S. 251 - 256.

[75] Informationsschrift des Laboratoire Suisse de Recherches Horlogères, Neuchâtel (Schweiz)

[76] Wolframkarbid-Schutzschichten nach dem CVD-Verfahren. Informationsschrift der Gebr. Sulzer AG, Wintherthur (Schweiz).

[77] Oldewurtel, A.; Eversberg, K.-R.: Mehrleistung von CVD-beschichteten Umformwerkzeugen. wt-Z. ind. Fertig. 75 (1985), S. 299 - 304.

[78] Schmidt, H.: Werkzeugentwicklung und Standmengenerhöhung durch Hartstoffbeschichtungen. In: Tagungsband "Fließpressen - Technologie mit Zukunft". VDI. Düsseldorf 1984.

[79] Hegi, R.: Höhere Standzeiten mit CVD-beschichteten Werkzeugen und Verschleißteilen. ZwF 78 (1983), S. 149 - 151.

[80] Wieghardt, G.; Mey, E.; Ullrich, G.: Beanspruchungsverhalten und Verschleißwiderstand von Mehrfachkarbidschichten. Schmierungstechnik 10 (1979), S. 236 - 238.

[81] Risser, G.: Hartstoffschichten zur Erhöhung der Lebensdauer von Umformwerkzeugen. Maschinenmarkt 88 (1982), S. 1952 - 1955.

[82] Oldewurtel, A.; Eversberg, K.-R.: Mehrleistung von CVD-beschichteten Umformwerkzeugen. wt-Z. ind. Fertig. 75 (1985), S. 299 - 304.

[83] Kopacz, U.; Jehn, H.: Einige Aspekte der Abscheidung von Hartstoffen auf Schnellarbeitsstahlbohrern. Arbeitsbericht MPI /83/W5 des Instituts für Werkstoffwissenschaften am Max-Planck-Institut für Metallforschung. Stuttgart 1983.

[84] Micholls, J. R.; Lawson, K.: Vapour deposition - an industrial coating process. Metallurgia 52 (1984), S. 267 - 275.

[85] Schintlmeister, W. u. a.: Hartstoffbeschichtete Werkzeuge - Verschleißverhalten, Anwendung und Herstellung. Z. Metallkde. 75 (1984), S. 874 - 880.

[86] Chatterjee-Fischer, R.: Möglichkeiten zur Verbesserung des Verschleißverhaltens von Umformwerkzeugen. In: Tagungsband "11. Umformtechnisches Kolloquium". Hannoversches Forschungsinstitut für Fertigungsfragen e. V.. Hannover 1984.

[87] Berger, M.; Bergmann, E.: Ionenplattierte Hartstoffschichten in der Trenn- und Umformtechnik. mav (1985) 7/8, S. 62 - 69.

[88] Vogel, J.: Ion Plating Verfahren für die Herstellung von Verschleiß-Schutzschichten auf Werkzeugen. In: Tagungsband Verschleiß - Schutzschichten unter Anwendung der CVD/PVD-Verfahren. Technische Akademie. Esslingen 1984.

[89] Kienel, G.; Sommerkamp, P.: PVD-Verfahren. In: Kontakt und Studium Nr. 99. Grafenau: expert Verlag 1982.

[90] Niefer, W.: Die Umformtechnik in den 90er Jahren. In: Tagungsband "2. Umformtechnisches Kolloquium". Institut für Fertigungsforschung e. V. Darmstadt 1985.

[91] Siebel, E.: Die Formgebung im bildsamen Zustand. Düsseldorf: Verlag Stahleisen 1932.

[92] Lange, K.: Lehrbuch der Umformtechnik. Bd. 2 - Massivumformung. Berlin, Heidelberg, New York: Springer 1974.

[93] Liedtke, D.: Praktische Erfahrungen bei der Auswahl und Anwendung verschleißhemmender Schichten. In: Tagungsunterlagen "Verschleiß metallischer Werkstoffe und seine Verminderung durch Oberflächenschichten". Technische Akademie. Esslingen 1984.

[94] Geiger, R.: Untersuchung von Schmierstoffen zum Warmumformen von Stahl. Ind.-Anz. 92 (1970) 30, S. 623 - 629.

[95] Gräbener, Th.: Entwicklung und Anwendung neuer Schmierstoffprüfverfahren für die Kaltmassivumformung. Berichte aus dem Institut für Umformtechnik, Universität Stuttgart, Nr. 71. Berlin, Heidelberg, New York, Tokyo: Springer 1983.

[96] Nestler, H.: Materialflußuntersuchung in Fertigungsbetrieben. Materialfluß und Betrieb Band 25. VDI-Fachgruppe Materialfluß und Fördertechnik. Düsseldorf: VDI-Verlag 1974.

Berichte aus dem Institut für Umformtechnik der Universität Stuttgart

Herausgeber Professor Dr.-Ing. Kurt Lange

1 **Untersuchung über den Einfluß der Belastungszeit auf die Streuung der Rückfederung von Biegeteilen**
Von Dipl.-Ing. Klaus Tafel. 70 Seiten Text u. 64 Seiten mit 49 Bildern u. 15 Tafeln. Vergriffen

2/3 **Untersuchungen über das freie Napfen**
Von Dipl.-Ing. Gerhard Schmitt und Dipl.-Ing. Dieter Schmoeckel.
Untersuchungen über den Kraft- und Arbeitsbedarf sowie den Umformwirkungsgrad beim Vorwärts-Vollfließpressen von Stahl
Von Dipl.-Ing. Dieter Kast. 40 Seiten Text u. 43 Seiten mit 47 Bildern u. 5 Tafeln. 28,— DM

4 **Untersuchungen über die Werkzeuggestaltung beim Vorwärts-Hohlfließpressen von Stahl und Nichteisenmetallen**
Von Dipl.-Ing. Dieter Schmoeckel. 72 Seiten Text u. 117 Seiten mit 179 Bildern. 39,— DM

5 **Untersuchungen über das Stauchen und Zapfenpressen**
Von Dipl.-Ing. Marten Burgdorf. 126 Seiten Text u. 58 Seiten mit 138 Bildern u. 4 Tafeln. 55,— DM

6 **Untersuchungen über die Streuung der Kräfte und Arbeiten beim Fließpressen in der laufenden Fertigung und den Einfluß der Phosphatschichtdicke und des Schmiermittels**
Von Dipl.-Ing. Hans-Dietrich Witte. 38 Seiten Text u. 48 Seiten mit 49 Bildern. 30,— DM

7 **Untersuchungen über das Rückwärts-Napffließpressen von Stahl bei Raumtemperatur**
Von Dipl.-Ing. Gerhard Schmitt. 132 Seiten Text u. 93 Seiten mit 130 Bildern u. 5 Tafeln. 34,— DM

8 **Die Abbildegenauigkeit beim Biegen im 90°-V-Gesenk und ihre Beeinflussung durch Nachdrücken im Gesenk**
Von Dipl.-Ing. Eckart Dannenmann. 50 Seiten Text u. 31 Seiten mit 28 Bildern u. 1 Tafel. Vergriffen

9 **Untersuchungen über den Zusammenhang zwischen Vickershärte und Vergleichsformänderung bei Kaltumformvorgängen**
Von Dipl.-Ing. Hans Wilhelm. 50 Seiten Text u. 35 Seiten mit 37 Bildern u. 2 Tafeln. Vergriffen

10 **Untersuchungen über das Abstreckziehen von zylindrischen Hohlkörpern bei Raumtemperatur**
Von Dipl.-Ing. Rolf K. Busch. 86 Seiten Text u. 92 Seiten mit 97 Bildern. Vergriffen

11 **Vorgänge beim elektromagnetischen und elektrohydraulischen Umformen von metallischen Werkstücken**
Von Dipl.-Ing. Herbert Müller. 90 Seiten Text u. 110 Seiten mit 93 Bildern u. 10 Tafeln. 22,— DM

12 **Ein Verfahren zur näherungsweisen Berechnung des Spannungs- und Formänderungszustandes beim Fließen starrplastischer Werkstoffe**
Von Dipl.-Ing. Gerhard Adler. 124 Seiten Text u. 76 Seiten mit 72 Bildern. Vergriffen

13 **Modellgesetzmäßigkeiten beim Rückwärtsfließpressen geometrisch ähnlicher Näpfe**
Von Dipl.-Ing. Dieter Kast. 101 Seiten Text u. 73 Seiten mit 60 Bildern u. 6 Tafeln. Vergriffen

14 **Untersuchungen über das Genauschneiden von Stahl und Nichteisenmetallen**
Von Dipl.-Ing. Wilfried Kramer. 96 Seiten Text u. 132 Seiten mit 128 Bildern u. 10 Tafeln. Vergriffen

15 **Entwicklung und Erprobung eines Simulators zur reproduzierbaren Nachahmung der Kraft-Weg-Verläufe von Umformvorgängen**
Von Dipl.-Ing. Kurt Schmid. 88 Seiten Text u. 38 Seiten mit 35 Bildern u. 2 Tafeln. 17,— DM

16 **Walzrichten von Metallbändern mit symmetrisch angestellter Fünf-Walzen-Richtmaschine**
Von Dipl.-Ing. Hans-Dietrich Witte. 108 Seiten Text u. 63 Seiten mit 60 Bildern u. 8 Tafeln. 22,— DM

17/18 **Erzeugung räumlicher Blechgebilde mittels Flächenbiegung**
Konstruktion, Abwicklung und Herstellung von Schraubtorsen aus Blech
Von Prof. Dr.-Ing. E. h. Dr. techn. h. c. Otto Kienzle.
120 Seiten Text u. 55 Seiten mit 86 Bildern u. 3 Tafeln. 22,— DM

19 **Einfluß der Alterung auf die mechanischen Eigenschaften von Stählen zum Kaltfließpressen**
Von Dipl.-Ing. Vladimir Hasek, CSc. 43 Seiten Text u. 54 Seiten mit 50 Bildern u. 3 Tafeln. 16,— DM

20 **Beitrag zur Frage der Spannungen, Formänderungen und Temperaturen beim axialsymmetrischen Strangpressen**
Von Dipl.-Ing. Rolf Dalheimer. 118 Seiten Text u. 76 Seiten mit 79 Bildern u. 3 Tafeln. Vergriffen

21 **Über den Einfluß der Werkzeuggeschwindigkeit auf den Stauchvorgang**
Von Dipl.-Ing. H.-J. Metzler. 127 Seiten Text u. 100 Seiten mit 94 Bildern u. 6 Tafeln. 25,— DM

22 **Numerische Behandlung von Verfahren der Umformtechnik**
Von Dr.-Ing. Elmar Steck. 67 Seiten Text u. 22 Seiten mit 43 Bildern. 16,— DM

23 **Ein Verfahren zur näherungsweisen Berechnung der Wärmeentwicklung und der Temperaturverteilung beim Kaltstauchen von Metallen**
Von Dipl.-Ing. Walther Pohl. 78 Seiten Text u. 51 Seiten mit 61 Bildern u. 4 Tafeln. 21,— DM

24 **Untersuchungen über das Drückwalzen zylindrischer Hohlkörper und Beitrag zur Berechnung der gedrückten Fläche und der Kräfte**
Von Dipl.-Ing. Hans-Jurgen Dreikandt. 161 Seiten Text u. 79 Seiten mit 73 Bildern u. 6 Tafeln. Vergriffen

25 **Über den Formänderungs- und Spannungszustand beim Ziehen von großen unregelmäßigen Blechteilen**
Von Dipl.-Ing. Vladimir Hasek, CSc. 129 Seiten Text u. 106 Seiten mit 109 Bildern u. 9 Tafeln. 35,— DM

26 **Über die Anisotropie des plastischen Verhaltens stranggepreßter Stäbe aus hexagonalen Metallen**
Von Dipl.-Ing. Günther Schröder. 129 Seiten Text u. 75 Seiten mit 97 Bildern u. 2 Tafeln. Vergriffen

27 **Die Messung der mechanischen Kontaktspannung in der Wirkfuge Werkzeug — Werkstück bei Umformverfahren**
Von Dipl.-Ing. Fritz Dohmann. 99 Seiten Text u. 82 Seiten mit 93 Bildern u. 4 Tafeln. Vergriffen

28 **Beitrag zur rechnerunterstützten Auslegung von Pressengestellen**
Von Dipl.-Ing. Manfred Geiger. 94 Seiten u. 56 Seiten mit 63 Bildern. Vergriffen

29 **Untersuchungen über das Aufweittiefziehen**
Von P. S. Raghupathi, M. E. ISBN 3-7736-0780-6.
80 Seiten Text u. 54 Seiten mit 73 Bildern u. 2 Tafeln. 32.- DM

30 **Faltenbildung als Verfahrensgrenze beim Stauchen von Hohlkörpern**
Von Dipl.-Ing. Klaus Dieterle. ISBN 3-7736-0781-4.
55 Seiten Text u. 35 Seiten mit 43 Bildern u. 3 Tafeln. 28.– DM

31 **Beitrag zur Ermittlung von Fließkurven im kontinuierlichen hydraulischen Tiefungsversuch**
Von Dipl.-Ing. Franc Gologranc. ISBN 3-7736-0785-7.
125 Seiten Text u. 58 Seiten mit 95 Bildern u. 6 Tafeln. Vergriffen

32 **Untersuchungen an Strangpreßmatrizen**
Von Dipl.-Ing. Klaus Gieselberg. ISBN 3-7736-0786-5.
101 Seiten Text u. 56 Seiten mit 69 Bildern. 45.– DM

33 **Beitrag zur Messung der Strangoberflächentemperatur beim Strangpressen**
Von Dipl.-Ing. Karl-Heinz Friedrich. ISBN 3-7736-0787-3.
83 Seiten Text u. 90 Seiten mit 84 Bildern u. 3 Tafeln. 48.- DM

34 **Über das Umformverhalten von Blechen aus Titan und Titanlegierungen**
Von Dipl.-Ing. Hans Wilhelm. ISBN 3-7736-0788-1.
107 Seiten Text u. 69 Seiten mit 76 Bildern u. 13 Tafeln. 48.– DM

35 **Untersuchung der magnetischen Induktion, Stromdichte und Kraftwirkung bei der Magnetumformung**
Von Dipl.-Ing. Volker Schmidt. ISBN 3-7736-0789-X
60 Seiten Text u. 53 Seiten mit 84 Bildern 21.– DM

36 **Der Stofffluß beim kombinierten Napffließpressen**
Von Dipl.-Ing. Rolf Geiger. ISBN 3-7736-0790-3.
111 Seiten Text u. 74 Seiten mit 80 Bildern u. 6 Tafeln. Vergriffen

37 **Beitrag zum Verhalten superplastischer Werkstoffe beim Massivumformen**
Von Dipl.-Ing. Hans Schelosky. ISBN 3-7736-0791-1.
123 Seiten Text u. 61 Seiten mit 60 Bildern u. 4 Tafeln Vergriffen

38 **Energieumsatz beim elektrohydraulischen Umformen**
Von Dipl.-Ing. Hans-Joachim Weckerle. ISBN 3-7736-0792-X.
103 Seiten Text u. 46 Seiten mit 56 Bildern. 45.– DM

39 **Elastische Wechselwirkungen an Gestell und Hauptgetriebe weggebundener Pressen**
Von Dipl.-Ing. Lutz Schemperg. ISBN 3-7736-0793-8.
91 Seiten Text u. 58 Seiten mit 65 Bildern u. 3 Tafeln. 45.– DM

40 **Über das plastische Verhalten von Sintermetallen bei Raumtemperatur**
Von Dipl.-Ing. Hartmut Honeß. ISBN 3-7736-0794-6
84 Seiten Text u. 54 Seiten mit 67 Bildern u. 2 Tafeln. 45.– DM

41 **Untersuchungen zum Halbwarmfließpressen von Stahl**
Von Dr.-Ing. Rolf Geiger, Dipl.-Ing. Eckart Dannenmann und Dipl.-Ing. Jean Stefanakis
ISBN 37736-0795-4. 50 Seiten Text u. 33 Seiten mit 34 Bildern u. 2 Tafeln. Vergriffen

42 **Änderung der Werkstoffeigenschaften beim Ziehen von zylindrischen Hohlkörpern aus austenitischen und ferritischen nichtrostenden Stählen**
Von Dipl.-Ing. Rolf Zeller. ISBN 3-7736-0796-2.
80 Seiten Text u. 52 Seiten mit 34 Bildern u. 2 Tafeln 38.- DM

43 **Untersuchungen über das Fließpressen superplastischer Werkstoffe**
Von Dr.-Ing. Hans Schelosky. ISBN 3-7736-0797-0.
36 Seiten Text u. 24 Seiten mit 26 Bildern u. 1 Tafel. Vergriffen

44 **Umformende Bearbeitung in flexiblen Fertigungssystemen**
Von Dipl.-Ing. Hartmut Kaiser. ISBN 3-7736-0798-9
87 Seiten Text u. 24 Seiten mit 47 Bildern 36.– DM

45 **Geometrische Eigenschaften tiefgezogener kreiszylindrischer Näpfe**
Von Dipl.-Ing. Dieter Schlosser. ISBN 3-7736-0799-7
107 Seiten Text u. 64 Seiten mit 60 Bildern u. 9 Tafeln. 48.– DM

46 **Die Eigenschaften einer AlZnMgCu-Legierung nach ausgewählten Kombinationen von Wärmebehandlung und Kaltumformung**
Von Dipl.-Ing. Karl Hankele. ISBN 3-7736-0880-2.
86 Seiten Text u. 51 Seiten mit 52 Bildern u. 4 Tafeln. 45.– DM

47 **Kaltmassivumformen von Sintermetall**
Von Dipl.-Ing. Hans Dieter Schacher. ISBN 3-7736-0881-0
84 Seiten Text u. 44 Seiten mit 47 Bildern u. 5 Tafeln. 42.– DM

48 **Rechnerunterstützte Arbeitsplanerstellung und Kostenrechnung beim Kaltmassivumformen von Stahl**
Von Dipl.-Ing. Peter Noack. ISBN 3-7736-0882-9.
216 Seiten Text u. 116 Seiten mit 134 Bildern u. 23 Tafeln. 65.– DM

49 **Beitrag zur beanspruchungsgerechten Auslegung von rotationssymmetrischen Fließpreßmatrizen**
Von Dipl.-Ing. Gunther Krämer. ISBN 3-7736-0883-7.
94 Seiten Text u. 53 Seiten mit 56 Bildern. 48.– DM

50 **Erzeugung gratfreier Schnittflächen durch Aufteilen des Schneidvorgangs (Konterschneiden)**
Von Dipl.-Ing. Heinz Liebing. ISBN 3-7736-0884-5.
87 Seiten Text u. 51 Seiten mit 55 Bildern u. 4 Tafeln. 46.– DM

Die Berichte 1 bis 66 sind zu beziehen durch das Institut für Umformtechnik, Holzgartenstr. 17, 7000 Stuttgart 1

51 **Berechnung der elastischen Eigenschaften von Baugruppen im Pressenbau**
Von Dipl.-Ing. Herbert Blum ISBN 3-540-09804-6.
151 Seiten mit 55 Abbildungen. Vergriffen

52 **Untersuchung der Verfahrensgrenzen beim 180°-Biegen von Fein- und Mittelblechen**
Von Dipl.-Phys. Wolfgang Schaub. ISBN 3-540-09881-X.
65 Seiten mit 24 Abbildungen. 38.– DM

53 **Abstreckgleitziehen von nichtrostenden austenitischen Stählen**
Von Dipl.-Ing. Jobst-H. Kerspe. ISBN 3-540-09882-8.
109 Seiten mit 36 Abbildungen. 43,– DM

54 **Fließpressen von Stahl im Temperaturbereich 773 K (500°C) bis 1073 K (800°C)**
Von Dipl.-Ing. Ulrich Diether. ISBN 3-540-09959-X.
165 Seiten mit 80 Abbildungen. 48,– DM

55 **Die numerisch gesteuerte Radial-Umformmaschine und ihr Einsatz im Rahmen einer flexiblen Fertigung**
Von Dipl.-Ing. Peter Metzger. ISBN 3-540-10073-3.
158 Seiten mit 65 Abbildungen. 43,– DM

56 **Möglichkeiten zur Steuerung des Stoffflusses beim Ziehen großer unregelmäßiger Blechteile**
Von Dr.-Ing. Vladimir V. Hasek. ISBN 3-540-10074-1.
193 Seiten mit 96 Abbildungen. 48,– DM

57 **Beitrag zur Arbeitsgenauigkeit des Kaltmassivumformens**
Von Dipl.-Ing. Herbert Leykamm. ISBN 3-540-10363-5.
165 Seiten mit 84 Abbildungen und 5 Tabellen.. 48,– DM

58 **Untersuchungen über das Verjüngen von zylindrischen Vollkörpern**
Von Dipl.-Ing. Helmut Binder. ISBN 3-540-10466-6.
146 Seiten mit 50 Abbildungen und 3 Tabellen. 43,– DM

59 **Umformverhalten legierter Sintereisen**
Von Dipl.-Ing. Manfred Stilz. ISBN 3-540-11051-8.
170 Seiten mit 75 Abbildungen und 5 Tabellen. 48,– DM

60 **Interaktives Programmsystem zur Erstellung von Fertigungsunterlagen für die Kaltmassivumformung**
Von Dipl.-Ing. Michael Rebholz. ISBN 3-540-11052-6.
121 Seiten mit 46 Abbildungen. 43,– DM

61 **Beitrag zum Ziehen von Blechteilen aus Aluminiumlegierungen**
Von Dipl.-Ing. Michael Blaich. ISBN 3-540-11067-4.
141 Seiten mit 64 Abbildungen und 5 Tabellen. 43,– DM

62 **Auslegung von rotationssymmetrischen Fließpreßwerkzeugen im Bereich elastisch-plastischen Werkstoffverhaltens**
Von Dipl.-Ing. Thomas Neitzert. ISBN 3-540-11623-0.
159 Seiten mit 51 Abbildungen. 53,– DM

63 **Fließpressen von Sintermetall im Temperaturbereich zwischen 873 K (600°C) und 1173 K (900°C)**
Von Dipl.-Ing. Wolfgang Schaub. ISBN 3-540-11678-8.
160 Seiten mit 85 Abbildungen und 9 Tabellen. 53,– DM

64 **Rechnerunterstützte Konstruktion von Umformwerkzeugen und die Fertigungsplanung von Werkzeugelementen**
Von Dipl.-Ing. Dieter Steuss. ISBN 3-540-11856-X.
178 Seiten mit 87 Abbildungen und 6 Tabellen. 53,– DM

65 **Möglichkeiten und Grenzen des Kaltgesenkschmiedens als eine fertigungstechnische Alternative für kleine, genaue Formteile**
Von Dipl.-Ing. Khang Hoang-Vu. ISBN 3-540-11876-4.
156 Seiten mit 62 Abbildungen und 5 Tabellen. 53,– DM

66 **Einsatz numerischer Näherungsverfahren bei der Berechnung von Verfahren der Kaltmassivumformung.**
Von Dipl.-Ing. Karl Roll. ISBN 3-540-11910-8.
166 Seiten mit 49 Abbildungen und 2 Tabellen. 53,– DM

67 **Untersuchung über das Verjüngen von dickwandigen, zylindrischen Hohlkörpern**
Von Dipl.-Ing. Knut Haarscheidt. ISBN 3-540-12229-X.
124 Seiten mit 58 Abbildungen und 6 Tabellen. 58,– DM

68 **Rechnerunterstützte Optimierung des Tiefziehens unregelmäßiger Blechteile**
Von Dipl.-Ing. Hans Glöckl. ISBN 3-540-12522-1.
143 Seiten mit 60 Abbildungen. 58,– DM

69 **Hydrostatisches Fließpressen: Verfahrensparameter und Werkstückeigenschaften**
Von Dipl.-Ing. Jobst H. Kerspe. ISBN 3-540-12537-X.
123 Seiten mit 69 Abbildungen und 5 Tabellen. 58,– DM

70 **Untersuchungen zum Halbwarmfließpressen von Automatenstählen**
Von Dipl.-Ing. Eberhard Nehl. ISBN 3-540-12568-X.
145 Seiten mit 104 Abbildungen. 58,– DM

71 **Entwicklung und Anwendung neuer Schmierstoffprüfverfahren für die Kaltmassivumformung**
Von Dipl.-Ing. Thomas Gräbener. ISBN 3-540-12836-0.
140 Seiten mit 65 Abbildungen. 58,– DM

72 **Einfluß der Blechoberfläche beim Ziehen von Blechteilen aus Aluminiumlegierungen**
Von Dipl.-Ing. Erhard Mössle. ISBN 3-540-12837-9.
142 Seiten mit 62 Abbildungen und 6 Tabellen. 58,– DM

73 **Werkzeugverschleiß in der Massivumformung**
Von Dipl.-Ing. Matthias Weiergräber. ISBN 3-540-13033-0.
72 Seiten mit 36 Abbildungen und 2 Tabellen. 58,– DM

Die Berichte 67 und folgende sind zu beziehen durch den Springer-Verlag, Berlin Heidelberg New York Tokyo

74 **Grundlagen der Umformtechnik I · Fundamentals of Metal Forming Technique I**
298 Seiten. ISBN 3-540-13039-X. 58,– DM

75 **Grundlagen der Umformtechnik II · Fundamentals of Metal Forming Technique II**
280 Seiten. ISBN 3-540-13040-3. 58,– DM

76 **Herstellung und Versteifungswirkung von geschlossenen Halbrundsicken**
Von Dipl.-Ing. Michael Widmann. ISBN 3-540-13172-8.
150 Seiten mit 63 Abbildungen. 63,– DM

77 **Kostenoptimierter Einsatz der Radialumformmaschine in gemischten, flexiblen Fertigungssystemen**
Von Dipl.-Ing. Michael Dostal. ISBN 3-540-13286-4.
121 Seiten mit 61 Abbildungen. 63,– DM

78 **Rechnerische Ermittlung von Zustandsgrößen beim Radialumformen**
Von Dipl.-Ing. Roland Paukert. ISBN 3-540-13287-2.
131 Seiten mit 57 Abbildungen und 1 Tabelle. 63,– DM

79 **Numerische Steuerung einer flexiblen Bearbeitungseinheit zum Radialumformen**
Von Dipl.-Ing. Helmut Noller. ISBN 3-540-13550-2.
120 Seiten mit 41 Abbildungen und 2 Tabellen. 63.– DM

80 **Vergleichende Betrachtung der Verfahren zur Prüfung der plastischen Eigenschaften metallischer Werkstoffe**
Von Dr.-Ing. Klaus Pöhlandt. ISBN 3-540-13578-2.
178 Seiten mit 43 Abbildungen und 11 Tabellen. 63,– DM

81 **Aufweitung von Fließpreßmatrizen mit überlagerter thermischer und mechanischer Beanspruchung**
Von Dipl.-Ing. Ewald Kling. ISBN 3-540-15755-7.
139 Seiten mit 61 Abbildungen und 1 Tabelle. 63,– DM

82 **Messung des Werkzeugverschleißes bei der Kalt- und Halbwarmumformung mit Radionukliden**
Von Dipl.-Ing. Eberhard Nehl. ISBN 3-540-16497-9.
131 Seiten mit 55 Abbildungen und 11 Tabellen. 68,– DM

83 **Ermittlung von Eigenspannungen in der Kaltmassivumformung**
Von A. Erman Tekkaya. ISBN 3-540-16498-7.
162 Seiten mit 60 Abbildungen und 2 Tabellen. 68,– DM

84 **Korrosionsbeständigkeit tiefgezogener rotationssymmetrischer Werkstücke aus austenitischen Stählen**
Von Dipl.-Ing. Matthias Weiergräber. ISBN 3-540-16560-6.
137 Seiten mit 63 Abbildungen und 4 Tabellen. 68.– DM

85 **Simulation of Metal Forming Processes by the Finite Element Method (SIMOP-I)**
Workshop Stuttgart 1985. ISBN 3-540-16592-4.
316 Seiten mit 147 Abbildungen und 3 Tabellen. 68,– DM

86 **Beanspruchung von Napf-Rückwärts-Fließpreßmatrizen aus Keramik infolge mechanischer Belastung und Temperatureinwirkung**
Von Dipl.-Ing. Winfried Nester. ISBN 3-540-16845-1.
148 Seiten mit 66 Abbildungen und 2 Tabellen. 68,– DM

87 **Einfluß von Oberflächenbeschichtungen auf den Werkzeugverschleiß bei der Massivumformung**
Von Dipl.-Ing. Harald Westheide. ISBN 3-540-16846-X.
146 Seiten mit 84 Abbildungen und 9 Tabellen. 68,– DM

88 **Hydrostatisches Fließpressen von Profilen unter Verwendung von Matrizen mit stetigem Übergang**
Von Dipl.-Ing. Suwandi Sugondo. ISBN 3-540-16847-8.
130 Seiten mit 59 Abbildungen und 7 Tabellen. 68,– DM

Die Berichte 67 und folgende sind zu beziehen durch den Springer-Verlag, Berlin Heidelberg New York Tokyo